# Kleine Botanische Experimente

H. Steinecke,
I. Meyer, G. Pohl-Apel

# Kleine
# Botanische
# Experimente

Verlag
Harri
Deutsch

Verlag Harri Deutsch
Gräfstraße 47
60486 Frankfurt am Main
Fax: 069/77015869
E-Mail: verlag@harri-deutsch.de
www.harri-deutsch.de

*Bibliographische Information der Deutschen Nationalbibliothek*

Die Deutsche Nationalbibliothek verzeichnet diese Publikation
in der Deutschen Nationalbibliographie; detaillierte bibliographische
Informationen sind im Internet über <http://dnb.d-nb.de> abrufbar.

**ISBN**    978-3-8171-1802-1

2., erweiterte Auflage 2007
© Wissenschaftlicher Verlag Harri Deutsch GmbH, Frankfurt am Main, 2007
Lektorat und Herstellung: Birgit Cirksena
Umschlaggestaltung: Claudia Holz
Druck: betz-druck GmbH, Darmstadt

Printed in Germany

# Vorwort

## Wie alles begann

Seit mehreren Jahren führen wir Kinder, Jugendliche und Erwachsene durch »unsere« Gärten, d.h. den Palmengarten der Stadt Frankfurt am Main und den Schau- und Sichtungsgarten Hermannshof in Weinheim. Dabei erfahren wir immer wieder, dass wir die meisten Teilnehmer für die Natur und insbesondere für die Pflanzenwelt begeistern können. Egal, ob wir im Gewächshaus unter Palmen wandeln und tropische Nutzpflanzen vorstellen oder schöne alte Bäume im Freiland bestaunen – für Jung und Alt ist immer Interessantes dabei.

Bewusst verzichten wir auf »lehrmeisterhaftes Eintrichtern« von Fakten, denn unsere Führungen sollen sinnlich und erlebnisorientiert sein. Wir möchten auf spielerische und anschauliche Art und Weise Gartenbesuchern verschiedenste Aspekte (z.B. Bau der Pflanze, Leitung von Wasser, Frucht- ausbreitung, Blütenbiologie, Inhaltsstoffe) aus der spannenden Welt der Pflanzen nahe bringen, ohne dabei nur ganz oberflächlich zu bleiben.

Besonders beeindruckend sind sicherlich Führungen, bei denen wir zu bestimmten Themen kurze, einfache Experimente und Vorführungen anbieten können. Nach Möglichkeit fordern wir die Teilnehmer auf, uns bei der Durchführung der Experimente zu assistieren oder sie selbst durchzu- führen. Wie viel spannender kann man doch beispielsweise zeigen, was Sporen sind, wenn man aus der Tasche ein Döschen mit gelbem Bärlapp- Sporenpulver hervorzieht. Kaum jemand kann dann widerstehen und so manch einer wird zum »Feuerschlucker«, indem er das Pulver mit einer Pipette in eine Kerzenflamme pustet und daraufhin eine »fauchende« Stich- flamme entsteht.

Im Laufe der Jahre haben wir eine ganze Reihe einfacher und schnell durchführbarer Experimente gesammelt, die besonders für Kinder- und Jugendgruppen geeignet sind. Es war für uns interessant, dass gerade ältere Teilnehmer berichteten, Ähnliches hätten ihnen in abgewandelter Form bereits ihre Großeltern gezeigt. Hinweise solcher Art haben wir in unser Buch eingearbeitet.

## Wen wir ansprechen

Dieses Buch richtet sich an Erwachsene, insbesondere Biologielehrer, Jugendgruppenleiter, interessierte Erwachsene und Personen, die mit Führungen in botanischen Gärten beschäftigt sind. Zielgruppe der zu führenden Personen jedoch sind Kinder und Jugendliche von etwa sechs bis 16 Jahren (Grundstufe, Sekundarstufe I), die die Experimente zum Teil nur unter Anleitung und Aufsicht von Erwachsenen durchführen sollten. Erfahrungsgemäß haben aber auch Erwachsene an den Experimenten viel Spaß. Wir haben bewusst Experimente mit solchen Pflanzen zusammengestellt, die man leicht zu Hause, im Garten oder Wald finden kann. Bei etwas schwerer erhältlichen Pflanzen lohnt sich der Besuch eines botanischen Gartens. Auf Anfrage erhält man sicherlich gern ein paar Pflanzen für Versuche. Wer mehr über die verwendeten Pflanzen erfahren will, sollte in ein Blumenbuch schauen. Das Angebot reich bebilderter Blumen-Bestimmungsbücher ist recht groß.

## Was im Buche steht

Dieser Experimentierführer beschränkt sich auf Versuche mit Pflanzen. In ähnlich angelegten naturwissenschaftlichen Experimentierbüchern sind neben Versuchen aus den Bereichen Zoologie, Physik und Chemie meist nur wenige Versuche mit Pflanzen aufgeführt. Da es auch in der Botanik zu Überschneidungen mit der Physik und der Chemie kommt, sind manche der in diesem Buch vorgestellten Experimente zwar mit Pflanzen durchführbar, verdeutlichen aber eher physikalische oder chemische Prozesse. Als Beispiele seien hier der Versuch mit dem Saft aus der Wolfsmilch (Pflanzenfarben hinter trüben Medien, S. 202), der unter bestimmten Bedingungen blau erscheint, oder das Experiment mit Gelbwurz als pH-Indikator (Indikatorpapier selbst herstellen – echt würzig, S. 205) genannt.

Im Hauptteil des Buches sind – sortiert nach verschiedenen übergeordneten Themen – 61 Experimente aufgeführt, fünf davon neu in dieser Auflage. Einzelnen Themen ist ein einführender Abschnitt vorangestellt. Zu jedem Versuch gibt es Informationen, für welche Altersstufe dieser Versuch besonders gut geeignet ist, in welcher Jahreszeit er am besten durchgeführt werden kann und ob im Freien oder im Haus experimentiert werden sollte. Die Texte sind allgemein verständlich geschrieben und anhand von Strichzeichnungen illustriert. Der Beschreibung des Versuches schließen sich Erklärungen, Anregungen zu weiteren, ergänzenden Versuchen und gegebenenfalls Anekdoten oder Wissenswertes zu den verwendeten Pflanzen an. Als Ergänzung kann sich der Leser über weiterführende Literatur, Bezugsquellen für Materialien und Adressen von botanischen Gärten informieren.

## Was auf der CD-ROM zu finden ist

Die CD-ROM enthält neben dem kompletten Text des Buches über 350 farbige Fotos vor allem zum Material und zur Versuchsdurchführung. Zu den meisten Versuchen sind auch ergänzende Texte aufgenommen, die im Buch keinen Platz mehr gefunden haben – schließlich sollte ein Experimentierführer das »Jackentaschen-Format« nicht sprengen.

Einen Vorgeschmack auf die CD-ROM bieten die Informationen auf den Seiten 242 ff.

## Wem wir danken möchten

Es bereitet uns selber immer wieder viel Spaß, mit Pflanzen zu experimentieren und unsere eigene Begeisterung für die Pflanzen auf andere Menschen zu übertragen. Schon während der Entstehungsphase des Manuskriptes haben wir viele Freunde, Bekannte und Kollegen neugierig gemacht, die uns zugleich auch wertvolle Tipps und Anregungen gegeben haben. Besonderer Dank gilt David Walmsley, der mit uns zusammen experimentiert und recherchiert hat. Dr. Stefan Engwald schrieb uns netterweise den Versuch zum Lotoseffekt. Für Diskussionen und Beiträge danken wir besonders Dr. Clemens Bayer, Ute Becker, Prof. Dr. Wilfried Bennert, Ulrike Brunken, Prof. Dr. Regina Claßen-Bockhoff, Dr. Stefan Engwald, Dr. Bruno Erny-Rodmann, Renate Grothe, Volker Hohmann, Dr. Armin Jagel, Dr. Siegrid Klemmer, Ursula und Helmut Kohl, Dr. Klaus Mehltreter, Michael Metz, Heribert Reif, Marcus Schade, Dr. Peter Schubert, Gudrun Steinecke, Peter Steinecke, Ulla Walther und vielen anderen. Großer Dank geht natürlich auch an das Team vom Verlag Harri Deutsch. Besonders Heike Schulze und Klaus Horn, treue Besucher des Palmengartens, waren von Anfang an von der Idee unseres Projektes begeistert und haben es tatkräftig unterstützt; Birgit Cirksena schließlich sorgte für die ansprechende Gestaltung des Buches.

## Was neu ist

Die erste Auflage der „Kleinen Botanischen Experimente" ist so gut angekommen, dass sie schon nach kurzer Zeit nachgedruckt werden musste. Besonders gefreut hat uns, dass einige Experimente in Fernseh- und Rundfunkbeiträgen besprochen wurden und wir Gelegenheit hatten, sie auf den Tagungen für den Naturwissenschaftlichen Unterricht (MNU-Tagung) in Bremerhaven vorzustellen.

Neue Ideen, die sich dabei aus Diskussionen mit Zuhörerinnen und Zuhörern ergaben, ließen den Wunsch nach einer veränderten und ergänzten zweiten Auflage aufkommen. Fünf neue Experimente – die schwitzenden Blätter und der Flechtfisch im Kapitel „Wurzeln, Sprossachse und Blätter" sowie das Orangen-Orakel, die tanzenden Schachtelhalm-Sporen und die Paranuss-Kerze im Kapitel „Samen, Früchte und Sporen" – wurden in das Buch aufgenommen und der Abschnitt über die Osmose neu geschrieben.

Zeit ist knapp, verschiedene Verpflichtungen, auch familiärer Art, rufen und nicht immer kann man sich um alles kümmern. Deshalb haben wir eine neue Co-Autorin, Frau Dr. Gunvor Pohl-Apel, dazugewonnen, die sich vornehmlich um die theoretischen Texte kümmert.

Wir hoffen, dass wir auch mit der zweiten Auflage Begeisterung für die Botanik wecken und viele neue Fans zum Experimentieren mit Pflanzen anregen.

Hilke Steinecke, Imme Meyer und Gunvor Pohl-Apel
Frankfurt und Weinheim, im Frühjahr 2007

# Über die Autorinnen

## Hilke Steinecke

Dr. Hilke Steinecke studierte an der Ruhr-Universität Bochum Biologie mit Schwerpunkt Botanik. 1992 erfolgte ebendort die Promotion am Lehrstuhl für Spezielle Botanik. Seit 1995 ist sie als Botanikerin am Palmengarten Frankfurt tätig. Zu ihren Aufgaben gehören u.a. die Konzeption von Informationsausstellungen zu diversen botanischen Themen, die Redaktion der Palmengarten-Zeitschrift, Führungen, Öffentlichkeitsarbeit sowie Pflanzenbestimmung.

## Imme Meyer

Dipl.-Ing. Imme Meyer studierte – nach einer Ausbildung im Garten- und Landschaftsbau – Landschaftsarchitektur an der Fachhochschule Wiesbaden und der Manchester Metropolitan University in Großbritannien. Seit 1999 arbeitet sie im Schau- und Sichtungsgarten Hermannshof in Weinheim a.d. Bergstraße. Dort – sowie im Rahmen eines Lehrauftrags an der FH Wiesbaden – befasst sie sich mit Freilandspflanzenkunde und Staudenverwendung.

## Gunvor Pohl-Apel

Dr. Gunvor Pohl-Apel studierte an der TU Braunschweig Biologie und Chemie und promovierte an der Universität Bielefeld. Nach langjähriger Tätigkeit bei der Umweltstiftung WWF-Deutschland arbeitet sie heute als Wissenschaftsjournalistin.

# Einleitung

# Wurzeln, Sprossachse und Blätter

# Blüten

# Samen, Früchte und Sporen

## Inhaltsstoffe, Farben und Anderes

## Anhang

# Einleitung

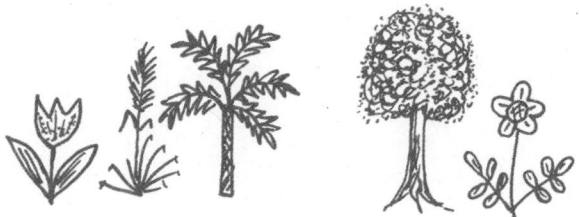

# Die Pflanzenzelle –
# ihr Bau, wichtige Vorgänge und
# Färbungen von Zell-Inhaltsstoffen

## Bau der Pflanzenzelle

Die Zelle ist die Grundeinheit aller Organismen. Zellen sind in Zellverbänden oder Geweben miteinander verbunden. Entsprechend der Funktion der unterschiedlichen Gewebe sind die dazugehörigen Zellen verschieden gebaut. Viele Vorgänge im Pflanzenreich sowie auch einige Experimente in diesem Buch sind am besten zu verstehen, wenn man den Grundaufbau einer Pflanzenzelle kennt.

Wer ein Mikroskop zur Verfügung hat, sollte es dazu nutzen, den prinzipiellen Bau der Zelle (z. B. aus der Zwiebelhaut) zu untersuchen. Im Gegensatz zu tierischen Zellen sind Pflanzenzellen außen von einer starren Zellwand umgeben. Die Zellwand besteht aus mehreren Schichten. Neben der zuerst gebildeten Mittellamelle unterscheidet man zwischen der Primärwand und der kurz nach Beendigung des Zellwachstums gebildeten Sekundärwand. Zellwände sind i. Allg. wasserdurchlässig und enthalten zu einem großen Anteil Zellulose. Dieses Kohlenhydrat besteht aus langen Ketten von Glukose(Zucker)molekülen, die zu Fasern verschiedener Ordnung zusammengefasst sind. Damit sich die einzelnen dünnen Fasern (Mikrofibrillen) der Wand besser miteinander verbinden, enthält besonders die primäre Zellwand reichlich Pektin, das aus dem Haushalt zum Eindicken von Marmelade bekannt ist. Je nach Funktion der Zelle wird die Sekundärwand durch Einlagerung von z. B. Holzstoff (Lignin) oder Kork (Suberin) verändert und versteift.

Lebende Zellen sind von einer Grundsubstanz, dem Zellplasma, ausgefüllt. Es erscheint im Lichtmikroskop glasig und körnig. Das Zellplasma enthält den Zellkern, Plastiden und weitere kleinere, abgeschlossene Untereinheiten der Zelle (Zellorganellen). Der Zellkern wird von einer doppelten Membran umgeben und enthält das in Form von Chromosomen vorliegende Erbgut, die DNA (Desoxyribonucleinsäure). Bei jeder Zellteilung wird eine Kopie der Chromosomen angefertigt, wodurch sichergestellt wird, dass jede Tochterzelle das komplette Erbgut erhält.

Plastiden sind von einer doppelten Membran umgebene Zellorganellen, die nicht in tierischen Zellen vorkommen. Sie können ganz unterschiedliche Funktionen haben: In den grünen, chlorophyllhaltigen Chloroplasten läuft die Photosynthese ab, die farbigen Chromoplasten enthalten verschiedene Pigmente wie z.B. die gelben Karotinoide, und die farblosen Leukoplasten dienen als Speicher für Stärke und Fett. Mitochondrien sind sehr kleine Zellorganellen, die nicht mit dem Lichtmikroskop betrachtet werden können. In ihnen laufen viele Stoffwechselvorgänge wie z.B. die Atmung ab. Sie werden auch als Kraftwerke der Zelle bezeichnet.

Mit zunehmendem Wachstum der Zelle wird eine zentrale, mit Wasser gefüllte Blase, die Vakuole, immer größer. Tierischen Zellen fehlen solche Vakuolen. In der Vakuole können Farb- und Reservestoffe angereichert oder Gifte abgelagert werden. Der plasmatische Anteil der Zelle wird von zwei Membranen umgeben. Nach außen ist es das Plasmalemma, das oft der Zellwand dicht anliegt. Die Abgrenzung gegen die Vakuole ist der Tonoplast. Beide Membranen sind halbdurchlässig, was bedeutet, dass zwar Wasser die Membran durchdringen kann, größere Moleküle jedoch nicht dazu in der Lage sind. In einem Gewebe stehen die Zellen über ihr Plasma meist miteinander in Verbindung. Dies kann man unter dem Mikroskop beobachten. Wenn bei Wassermangel der Zellinhalt schrumpft

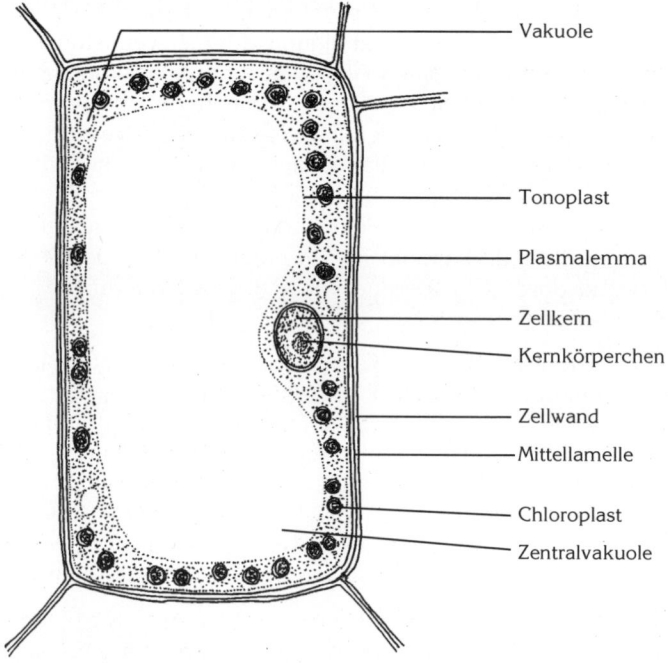

Vereinfachtes Schema einer Pflanzenzelle bei lichtmikroskopischer Betrachtung

und sich das Zellplasma von der Wand ablöst, bleiben die Zellen über dünne Plasmafäden miteinander verbunden. Diese so genannten Plasmodesmen verlaufen durch Aussparungen in der Zellwand.

## Diffusion, Osmose und Quellung

Wichtige Vorgänge in Zellen, die auch in einfachen Versuchen demonstriert werden können, sind Diffusion, Osmose und Quellung. Grundlage dieser Vorgänge ist die ständige Bewegung von Molekülen in Flüssigkeiten oder Gasen: Die Moleküle stoßen zusammen und prallen wieder voneinander ab.

**Diffusion:** Aufgrund der ungerichteten Bewegung der Moleküle kommt es zu einem Ausgleich der Konzentrationsunterschiede bis zum vollständigen Durchmischen der Flüssigkeiten bzw. Gase. Dies lässt sich leicht überprüfen, indem ein Tropfen Tinte in ein Glas Wasser gegeben wird. Ohne Schütteln oder Rühren hat sich nach einiger Zeit die Tinte einheitlich verteilt und das Wasser ist blau gefärbt. Auch Duftstoffe verbreiten sich in der Luft. Wird ein Strauß mit duftenden Rosen in ein Zimmer gestellt, so duftet nach einiger Zeit der ganze Raum nach Rosen.

**Osmose** ist die einseitige Diffusion durch eine halbdurchlässige (semipermeable) Membran, die zwei Lösungen trennt. Eine solche Membran ist für das Lösungsmittel (in der Pflanze Wasser) gut durchlässig, für darin gelöste Stoffe jedoch nicht. Die Wassermoleküle diffundieren aus der Lösung mit der geringeren Konzentration der gelösten Stoffe in die mit der höheren, bis sich deren Konzentrationen angeglichen haben. Durch die Wanderung der Wassermoleküle verändern sich die Volumina in den beiden Lösungen. Ein Beispiel für einen osmotischen Vorgang ist das Platzen reifer Kirschen nach einem Regenschauer. Wassermoleküle diffundieren in die Kirsche – den Bereich höherer Konzentration –, und durch die Zunahme des Volumens platzt deren Haut (Platzende Kirschen und saftende Radieschen, S. 113). Osmotische Erscheinungen liegen auch dem Welken eines angemachten Salates zugrunde. Um die unterschiedliche Konzentration des Salzes auszugleichen, wird aus den Zellen Wasser an die Salatsoße abgegeben, die Salatblätter werden schlapp.

Wird eine Pflanzenzelle in eine Lösung mit einer höheren Konzentration – beispielsweise eine Zuckerlösung gelegt –, so verliert sie Wasser an das Außenmedium. Das Volumen der zentralen Vakuole wird kleiner, das Zellplasma beginnt sich von der Zellwand zu lösen. Es kommt zur **Plasmolyse**. Durch den Plasmolysevorgang wird die Lebensfähigkeit der Zelle aber nicht beeinträchtigt. Überführt man die Zelle in ein Medium mit einer geringeren Konzentration, so nimmt die Vakuole wieder Wasser auf. Dieser Prozess wird als Deplasmolyse bezeichnet.

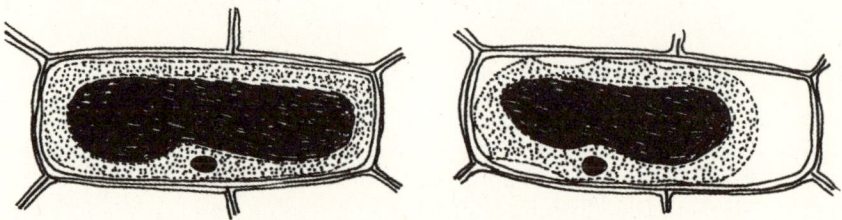

Demonstration der Plasmolyse einer Zelle
aus der Schale einer roten Gemüsezwiebel

**Quellung** spielt ebenfalls eine wichtige Rolle im Wasserhaushalt von Zellen und Geweben. Man versteht darunter die reversible Zunahme von Volumen und Gewicht durch Wasseranlagerung und -einlagerung. Eindrucksvoll ist die Wasseraufnahme bei trockenen Samen zu beobachten. Deren Quellung ist der erste Schritt zur Keimung, denn erst nach der Einlagerung der Wassermoleküle laufen die für die Keimung notwendigen Stoffwechselprozesse ab. Quellung liegt auch vielen Bewegungen bei Pflanzen zugrunde. Die Mikrofibrillen in den Zellwänden nehmen durch die Einlagerung von Wasser in der Breite zu, während ihre Länge unverändert bleibt. Durch die Zugkraft entsteht die Krümmungsbewegung. Solche Quellungsbewegungen können schon durch feuchte Luft ausgelöst werden, wie die Schließbewegung bei Kiefernzapfen (Kiefernzapfen mit geheimer Botschaft, S. 146) oder Strohblumenköpfchen. Auch das Aufreißen der reifen Sporenkapseln bei Farnen (Farnwedel und Sporenbilder, S. 139) geschieht durch Quellung oder Entquellung von Zellwänden.

## Stärketest mit Lugolscher Lösung

Zahlreiche Inhaltsstoffe von Zellen oder Zellbestandteilen können durch Färbungen nachgewiesen werden. Es gibt z.B. spezifische Färbereagenzien für Fette und Eiweiße. Es ist in der Mikroskopie besonders praktisch, wenn man durch Anfärben von mikroskopischen Präparaten bestimmte Strukturen besser erkennen kann als im ungefärbten Zustand. Färbt man beispielsweise pflanzliche Gewebe mit dem Färbereagenz Phloroglucin und Salzsäure, erscheinen alle verholzten Zellwände rot. Das verholzte Wasserleitungsgewebe ist bei einem Blick durch das Mikroskop leicht zu erkennen.

Stärke ist das wichtigste Speicherkohlenhydrat der Pflanzen. Ihr Nachweis ist Bestandteil mehrerer Versuche in diesem Buch. Stärke wird hier mithilfe der Lugolschen Lösung (Jod-Jod-Kaliumlösung) nachgewiesen. Es handelt sich um eine bräunlich rote, charakteristisch nach Jod riechende und mit Wasser mischbare Flüssigkeit. Lugolsche Lösung wird in verschiedenen Konzentrationen verwendet. Falls man die Lösung nicht schon fertig kauft und sie selber ansetzen möchte, kann man nach folgendem Rezept vorgehen:

6 g Kaliumjodid werden in 20 ml destilliertem Wasser gelöst und dazu 4 g Jod gegeben, das sich schnell auflöst. Mit destilliertem Wasser wird auf 100 ml aufgefüllt.

Lugolsche Lösung färbt Stärke tiefblau. Das kettenförmige Stärkemolekül ist aus Zuckerbausteinen (Glukose) zusammengesetzt und besteht aus der wasserlöslichen, unverzweigten Amylose und dem wasserunlöslichen Amylopektin. Im Gegensatz zu Zellulose ist Amylose spiralig gedreht, Amylopektin ist verzweigt. In die Windungen der Amylose kann Jod eingelagert werden, wodurch die Blaufärbung verursacht wird. Dieser Stärkenachweis mit Jod wurde schon 1825 von STROMEYER entdeckt, wobei zunächst Stärke als Nachweis für Jod und nicht umgekehrt empfohlen wurde.

# Kurze Übersicht zur Einteilung des Pflanzenreiches

Farn- und Samenpflanzen werden zu den Gefäßpflanzen zusammengefasst. Ihnen gemeinsam ist die Gliederung in Wurzeln, Sprossachse und Blätter (siehe die Einleitung des Kapitels zu Wurzeln, Sprossachse und Blättern) und die Ausbildung von Wasser transportierenden Leitbündeln. Farnpflanzen (Pteridophyta) werden zu den Sporenpflanzen gezählt und u. a. in Farne, Bärlappgewächse und Schachtelhalmgewächse untergliedert. Sie breiten sich nicht über Samen, sondern über Sporen aus (siehe die Versuche mit Bärlappsporen und Farnwedeln). Abgesehen von den Pilzen (die nach moderner Auffassung gar nicht mehr zu den Pflanzen gerechnet werden, sondern eine eigenständige Gruppe bilden), sind alle in den Versuchen verwendeten Arten den Gefäßpflanzen zuzuordnen. Da Algen und Moose weder zu den Gefäßpflanzen gehören noch in den Experimenten dieses Buches verwendet werden, soll an dieser Stelle nicht auf sie eingegangen werden.

Die große Abteilung der Samenpflanzen lässt sich in verschiedene Gruppen unterteilen. Zu den ursprünglichen Vertretern gehören die Nacktsamer (Gymnospermen). Dabei handelt es sich um vieljährige Holzpflanzen. Die Nacktsamer waren vor über 360 Mio. Jahren in der Devonzeit weit verbreitet. Viele von ihnen sind heute ausgestorben. Bekannteste Vertreter der Nacktsamer sind die Koniferen (Kiefern, Tannen, Fichten etc.), aber auch Ginkgo, Palmfarne u. a. gehören in diese Gruppe. Ein wichtiges Kennzeichen der Nacktsamer ist, dass ihre Samenanlagen frei, d. h. nicht in einen Fruchtknoten eingeschlossen sind. Nacktsamer bilden keine Früchte, sondern Samen. So sind auch die Zapfen der Nadelbäume keine Früchte oder Fruchtstände, sondern Samenstände. Der Spross der Nacktsamer ist vergleichsweise einfach gebaut.

Der größte Teil der Blütenpflanzen lässt sich den Bedecktsamern (Angiospermen) zuordnen. Bei ihnen sind die Samenanlagen in einen Fruchtknoten eingeschlossen, aus dem sie nicht vor der Samenreife entlassen werden. Bedecktsamer haben seit der Kreidezeit vor etwa 140 Mio. Jahren zunehmend an Bedeutung gewonnen. Bis heute konnte sich eine große Arten- und Formenvielfalt entwickeln. Momentan sind etwa 250 000 Arten an Blütenpflanzen auf der Erde bekannt.

Innerhalb der Bedecktsamer unterscheidet man zwischen zweikeimblättrigen (Dikotyledonen) und einkeimblättrigen Pflanzen (Monokotyledonen). Wie der Name vermuten lässt, unterscheiden sich beide Gruppen durch die Zahl der Keimblätter ihrer Keimpflanzen. Es gibt aber noch einige weitere markante Unterschiede im Bau des Sprosses und der Blüten, von denen einige in den Kapiteln zu Wurzeln, Sprossachse und Blättern sowie zur Blüte genannt werden. Auch wenn es immer wieder Ausnahmen von der Regel gibt, kann man beispielsweise einkeimblättrige Pflanzen an ihren parallelen und zweikeimblättrige an den netzartig verzweigten Adern der Blätter erkennen (siehe den Versuch zu den Blattadern). Nur zwei-keimblättrige Pflanzen weisen ein reguläres sekundäres Dickenwachstum auf, bei dem sich der Spross im Laufe der Jahre deutlich verdickt. Man kann sich deshalb leicht merken, dass Laubbäume zu zweikeimblättrigen Pflanzen gehören. Pflanzen, deren Blüten fünf oder zehn Blütenblätter auf-weisen, gehören ebenso in diese Gruppe. Da einkeimblättrige Pflanzen kein sekundäres Dickenwachstum zeigen, findet man sie fast nur unter Kräutern (Ausnahmen: Palmen, Drachenbäume, Yucca mit anomalem Dickenwachstum und verholzten Stämmen). Zu den einkeimblättrigen Pflanzen zählen beispielsweise Gräser oder Lilienverwandte.

Damit Arten klar definiert werden können, werden sie wissenschaftlich benannt. Deutsche Namen werden regional ganz unterschiedlich benutzt und sind nicht immer eindeutig. So verstehen manche unter Butterblume den Löwenzahn (*Taraxacum officinale*), andere dagegen Scharfen Hahnen-fuß (*Ranunculus acris*). Wissenschaftliche Namen setzen sich aus drei Tei-len zusammen. Als Beispiel soll die Heidelbeere genannt werden. Ihr voll-ständiger wissenschaftlicher Name lautet *Vaccinium myrtillus* L. Dabei ist *Vaccinium* die Gattung, *myrtillus* gibt die entsprechende Art aus der Gat-tung an. Dahinter wird derjenige Autor genannt, der die Pflanze erstmals unter dem genannten Namen veröffentlicht hat. Meist wird er in abgekürz-ter Form geschrieben. Viele heimische Pflanzen wurden von CARL VON LINNÉ (abgekürzt L.) benannt.

Eng verwandte Arten werden zu Gattungen zusammengefasst. Gattungen können mehrere hundert Arten umfassen oder aber nur eine einzige Art enthalten. Verwandte Gattungen bilden eine Pflanzenfamilie, deren Name durch die Endung »-ceae« gekennzeichnet ist. Die Heidelbeere ist ein Ver-treter der Heidekrautgewächse (Ericaceae), zu denen beispielsweise auch die Schneeheide (*Erica herbacea* L.) gehört. Ähnliche Familien werden in einer nächsthöheren Kategorie zu Ordnungen zusammengefasst, gekenn-zeichnet durch die Endung »-ales«. Die Ordnung der Erikaähnlichen wird Ericales genannt. Zu guter Letzt landet man bei der Klassifizierung der Heidelbeere bei den zweikeimblättrigen Pflanzen und dann bei den Bedecktsamern.

Pflanzenreich

Einteilung nach
Ausbreitungseinheiten

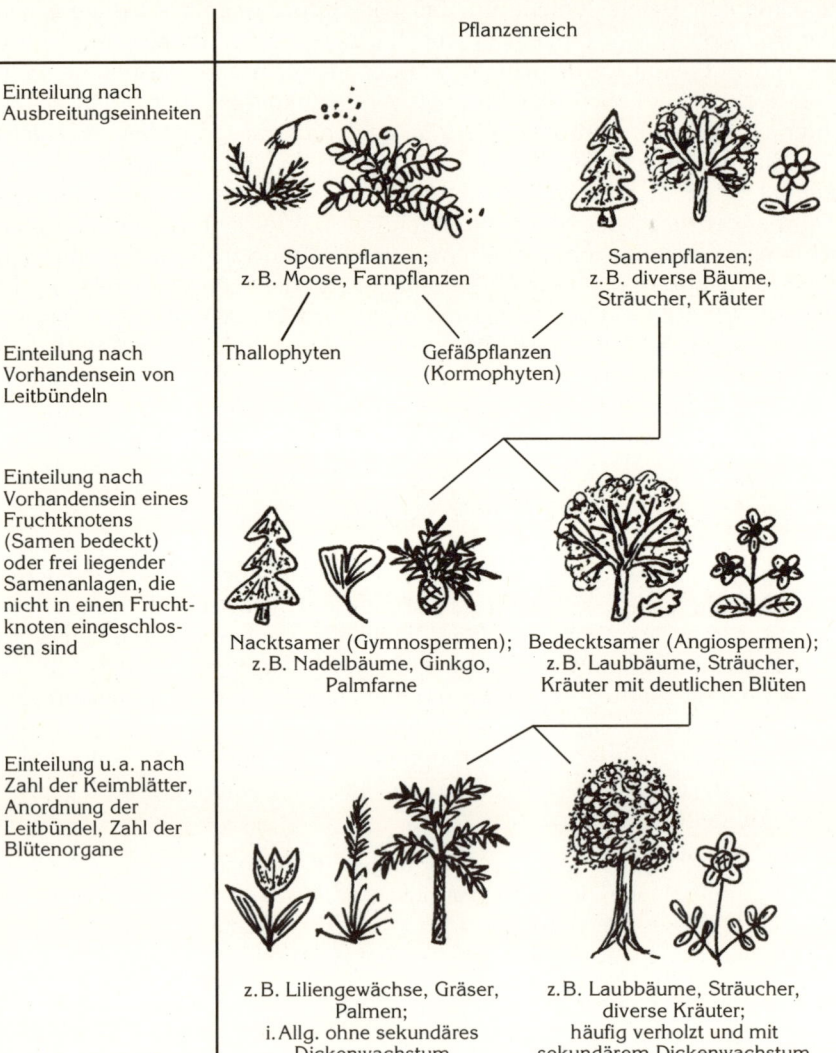

Sporenpflanzen;
z.B. Moose, Farnpflanzen

Samenpflanzen;
z.B. diverse Bäume,
Sträucher, Kräuter

Einteilung nach
Vorhandensein von
Leitbündeln

Thallophyten

Gefäßpflanzen
(Kormophyten)

Einteilung nach
Vorhandensein eines
Fruchtknotens
(Samen bedeckt)
oder frei liegender
Samenanlagen, die
nicht in einen Frucht-
knoten eingeschlos-
sen sind

Nacktsamer (Gymnospermen);
z.B. Nadelbäume, Ginkgo,
Palmfarne

Bedecktsamer (Angiospermen);
z.B. Laubbäume, Sträucher,
Kräuter mit deutlichen Blüten

Einteilung u.a. nach
Zahl der Keimblätter,
Anordnung der
Leitbündel, Zahl der
Blütenorgane

z.B. Liliengewächse, Gräser,
Palmen;
i.Allg. ohne sekundäres
Dickenwachstum

z.B. Laubbäume, Sträucher,
diverse Kräuter;
häufig verholzt und mit
sekundärem Dickenwachstum

Grobe Einteilung der Pflanzen

Für die Schneeheide würde die Klassifizierung folgendermaßen aussehen:

Art:          *Erica herbacea* L.
Gattung:   *Erica*
Familie:    Ericaceae
Ordnung:  Ericales
Klasse:     Dikotyledoneae
Abteilung: Angiospermae

Im vorliegenden Buch werden neben den deutschen meist auch die wissenschaftlichen Namen genannt. Zur besseren Übersichtlichkeit sowie zum schnelleren Erkennen von Pflanzennamen im Text werden die Autoren weggelassen und die wissenschaftlichen Art- und Gattungsnamen kursiv gedruckt.

## Literatur

Raven, Ebert, Curtis: *Biologie der Pflanzen*

# Wurzeln, Sprossachse und Blätter

# Vom Bau der Blütenpflanzen – Wurzel, Sprossachse und Blätter

Blütenpflanzen zeigen eine fast unüberschaubare Formenvielfalt. Dennoch sind alle auf einen ähnlichen Grundbauplan zurückzuführen. Prinzipiell lassen sich die Blütenpflanzen in die drei Grundorgane **Wurzel**, **Sprossachse** und **Blatt** untergliedern. Diese können stark abgewandelt sein. Blätter beispielsweise sind bei einigen Arten zu Ranken oder Dornen umgebildet und die Sprossachse kann sich stark verdicken, wenn sie Wasser oder Stärke speichert (z. B. Kakteen).

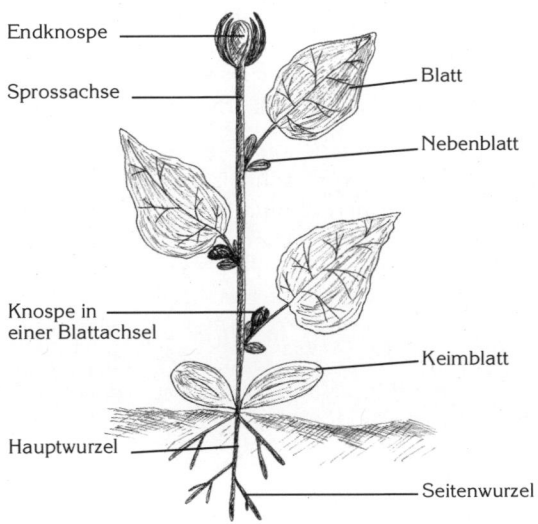

Schematischer Bau einer Blütenpflanze

Die **Wurzeln** lebender Pflanzen sind meist nicht sichtbar, da sie in den Boden eindringen und sich so dem Betrachter entziehen. Da sie dort nicht dem Licht ausgesetzt sind, bleiben sie bleich, denn der grüne Farbstoff Chlorophyll kann nur in Gegenwart von Licht gebildet werden. Wurzeln unterscheiden sich von Sprossachsen darin, dass sie niemals Blätter oder Blattanlagen bilden. Das Wurzelsystem vieler Arten besteht aus einer Hauptwurzel und Seitenwurzeln. Manch einer ist vielleicht schon daran verzweifelt, Löwenzahn aus dem Rasen im eigenen Garten auszustechen, da die lange, kräftige Hauptwurzel (die so genannte Pfahlwurzel) dabei häufig abbricht.

Wurzeln haben verschiedene Funktionen: Sie dienen der Verankerung im Boden, der Aufnahme von Wasser und Nährstoffen über die feinen Wurzelhaare, dem Stofftransport sowie der Speicherung diverser Stoffe.

Die **Sprossachse** wächst meist oberirdisch und ergrünt unter Lichteinwirkung durch Bildung des Farbstoffes Chlorophyll. Es gibt jedoch auch Fälle, in denen die Sprossachse unterirdisch wächst. Dann kann man sie leicht für eine Wurzel halten. Besonders bei zarten Kräutern und Stauden (z.B. auch bei Gräsern) ist die Gliederung der Sprossachse in verdickte Knoten (Nodien) und Knotenzwischenstücke (Internodien) gut zu erkennen. Oberhalb der Knoten befindet sich teilungsaktives Gewebe und es werden die Blätter gebildet. Der Spross kann sich verzweigen, indem Knospen in den Achseln der Blätter austreiben. Jeder kennt sicherlich das Phänomen, dass ältere Kartoffelknollen – das sind verdickte Sprossabschnitte – austreiben. Damit die Sprossachse nicht abknickt, benötigt sie festigende Elemente (z.B. Zellen mit verdickten Zellwänden, Holzfasern).

Eine besonders wichtige Aufgabe der Sprossachse ist der Wasser- und Stofftransport. Zudem kann sie auch als Speicherorgan dienen. Milchsäfte, ätherische Öle oder Harze befinden sich meist in abgeschlossenen Bereichen (z.B. Harz- und Milchkanälen, Öldrüsen) und spielen eine Rolle bei Wundverschluss oder der Abwehr von Fraßfeinden.

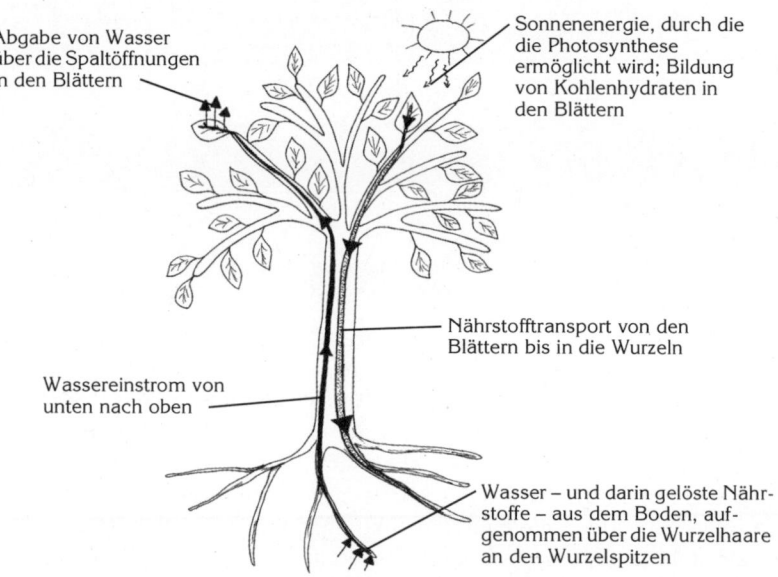

Abgabe von Wasser über die Spaltöffnungen in den Blättern

Sonnenenergie, durch die die Photosynthese ermöglicht wird; Bildung von Kohlenhydraten in den Blättern

Nährstofftransport von den Blättern bis in die Wurzeln

Wassereinstrom von unten nach oben

Wasser – und darin gelöste Nährstoffe – aus dem Boden, aufgenommen über die Wurzelhaare an den Wurzelspitzen

Leitungssystem und Stofftransport in einer Pflanze

Der Transport von Wasser und Nährstoffen erfolgt in speziellen Leitungsbahnen, die zu den so genannten Leitbündeln zusammengefasst werden. Sie sind bei einkeimblättrigen Pflanzen (z.B. den Gräsern) gleichmäßig über den Sprossquerschnitt verteilt, bei zweikeimblättrigen Pflanzen und Nacktsamern dagegen ringförmig angeordnet. Den größten Anteil im Leitbündel nehmen Holzteil (Xylem) und Siebteil (Phloem) ein, die bei den Leitbündeln der zweikeimblättrigen Pflanzen und Nacktsamer meist durch ein teilungsaktives Bildungsgewebe (Kambium) voneinander getrennt sind.

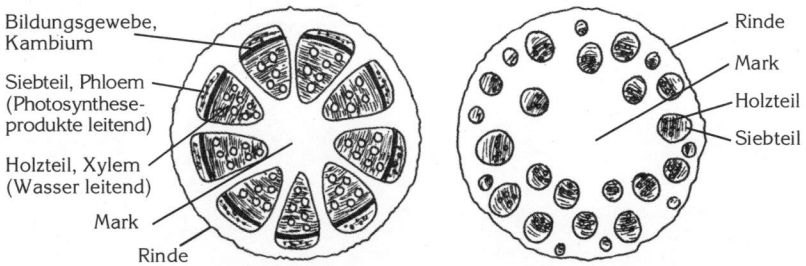

Bildungsgewebe, Kambium

Siebteil, Phloem (Photosyntheseprodukte leitend)

Holzteil, Xylem (Wasser leitend)

Mark

Rinde

Rinde

Mark

Holzteil

Siebteil

Schematischer Querschnitt durch den Stängel einer zweikeimblättrigen Pflanze; Dickenwachstum noch nicht erfolgt; Leitbündel ringförmig angeordnet

Schematischer Querschnitt durch den Stängel einer einkeimblättrigen Pflanze; Leitbündel zerstreut angeordnet

Querschnitt durch den Stängel ein- bzw. zweikeimblättriger Pflanzen

Der Holzteil dient der Wasserleitung sowie der Festigung und besteht abhängig von der Art aus den verholzten weiten Gefäßen (Tracheen) und/oder aus den etwas dünneren Tracheiden. Die langen, die gesamte Pflanze durchziehenden röhrenförmigen Gefäße entstehen, indem die Querwände übereinander liegender lang gestreckter Zellen aufgelöst werden. Die Wasserleitungsbahnen sind großen mechanischen Belastungen ausgesetzt. Sie dürfen aber auf keinen Fall zerreißen, da sonst der Wasserstrom nicht aufrechterhalten werden könnte und die Pflanze vertrocknen würde. Die Wände der Wasserleitungsbahnen sind deshalb zur besseren Stabilisierung in charakteristischer Weise durch Auflagerung von Holzstoff (Lignin) verdickt. Es gibt Gefäße mit ring-, schrauben- oder leiterförmigen Wandverdickungen. Bei getüpfelten Gefäßen ist die gesamte Zellwand außer im Bereich der rundlichen Tüpfel verdickt. Die Zellen ausgewachsener Wasserleitungsbahnen sind abgestorben.

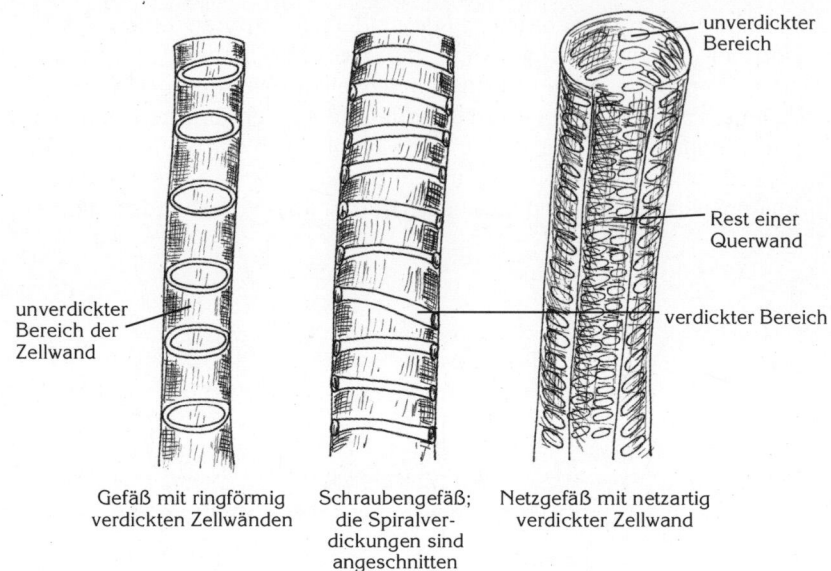

Gefäß mit ringförmig
verdickten Zellwänden

Schraubengefäß;
die Spiralver-
dickungen sind
angeschnitten

Netzgefäß mit netzartig
verdickter Zellwand

Verschieden stark verdickte Zellwände in Wasserleitungsbahnen aus dem
Holzteil von Gefäßpflanzen; Leitungsbahnen im Längsschnitt

Der Siebteil dient hauptsächlich der Leitung von Photosyntheseprodukten
– also vorwiegend Kohlenhydraten – zwischen den Blättern und den Wurzeln. Er enthält lebende Siebröhren bzw. Siebzellen. Die Siebröhren sind
ähnlich wie die Wasserleitungsgefäße röhrenartige Bahnen, die aus mehreren Gliedern zusammengesetzt sind. Sie werden von den Siebplatten
quer gegliedert.

Besonders ältere Sprossachsen oder dickere Baumstämme werden nach
außen durch den Bast, der zum Siebteil gezählt wird, geschützt. Er enthält
häufig verholzte, dünne Fasern. Bastschnüre werden aufgrund ihrer Festigkeit und Elastizität gern von Gärtnern zum Anbinden von Pflanzen verwendet.

In den **Blättern** findet der Gasaustausch statt, ihr Inneres ist der Ort der für
die pflanzliche Ernährung wichtigen Photosynthese. Dabei werden das für
die Photosynthese benötigte Kohlendioxid aus der Luft aufgenommen und
der bei diesem Vorgang gebildete Sauerstoff sowie Wasserdampf abgegeben. Der Austausch erfolgt an winzigen Poren (den Spaltöffnungen oder
Stomata), die sich auf der Blattoberfläche befinden. Ober- und Unterseite
der Blätter vieler (aber weitaus nicht aller!) Blütenpflanzen unterscheiden

sich voneinander. Als Beispiel für den Bau eines typischen Laubblattes soll das Blatt der Christrose (*Helleborus niger*) vorgestellt werden.

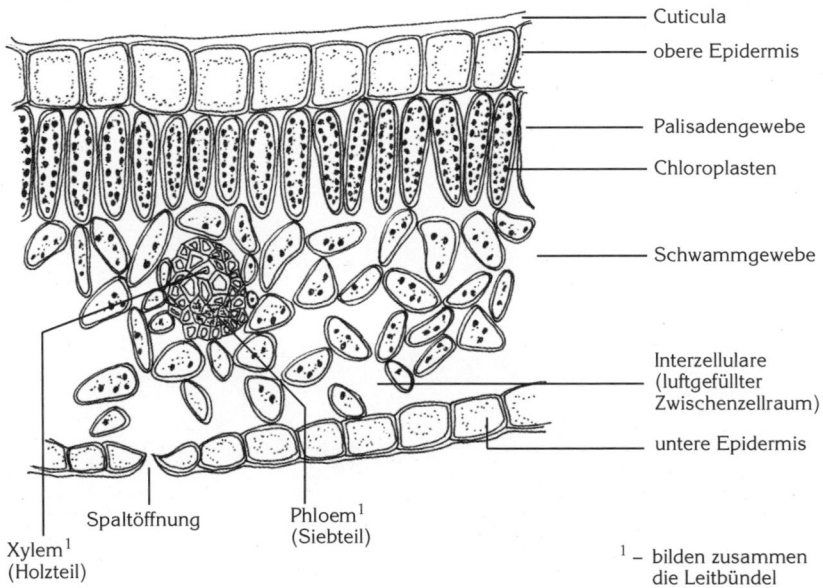

Cuticula

obere Epidermis

Palisadengewebe

Chloroplasten

Schwammgewebe

Interzellulare
(luftgefüllter
Zwischenzellraum)

untere Epidermis

Spaltöffnung

Phloem[1]
(Siebteil)

Xylem[1]
(Holzteil)

[1] – bilden zusammen
die Leitbündel

Schematischer Querschnitt durch das Blatt der Christrose

Das äußere Abschlussgewebe ist die Epidermis, auf die zum Schutz eine wachsartige, wasserabweisende Cuticula aufgelagert ist. Unter der oberen Epidermis liegt das Palisadengewebe, das aus lang gestreckten, chloroplastenreichen Zellen besteht. Überwiegend hier findet die Photosynthese statt. Darunter befindet sich das lockere Schwammgewebe. Die zahlreichen Hohlräume zwischen den einzelnen Zellen stehen in Verbindung mit den Spaltöffnungen und ermöglichen einen guten Gasaustausch. Die Spaltöffnungen befinden sich wie bei den meisten Landpflanzen nur in der unteren Blattepidermis, da sie in dieser Lage besser vor Verschmutzung geschützt sind. Auf der Oberseite wäre außerdem der Wasserverlust zu hoch. Die Spaltöffnungen sind regulierbar und schließen sich bei vielen Pflanzen bei Wassermangel oder in der Nacht.

Typisch für viele Blätter sind eine kräftige Mittelrippe sowie zahlreiche feinere Adern, die das gesamte Blatt durchziehen. Es handelt sich dabei um Leitbündel, die mit den Leitbündeln in der Sprossachse in Verbindung stehen. Sie versorgen die äußersten Bereiche der Blätter mit Wasser, nehmen die Photosyntheseprodukte auf und verteilen sie. Gerade große Blätter sollten gut stabilisiert sein, weshalb um die Leitbündel häufig eine Scheide aus verholzten Zellen vorhanden ist.

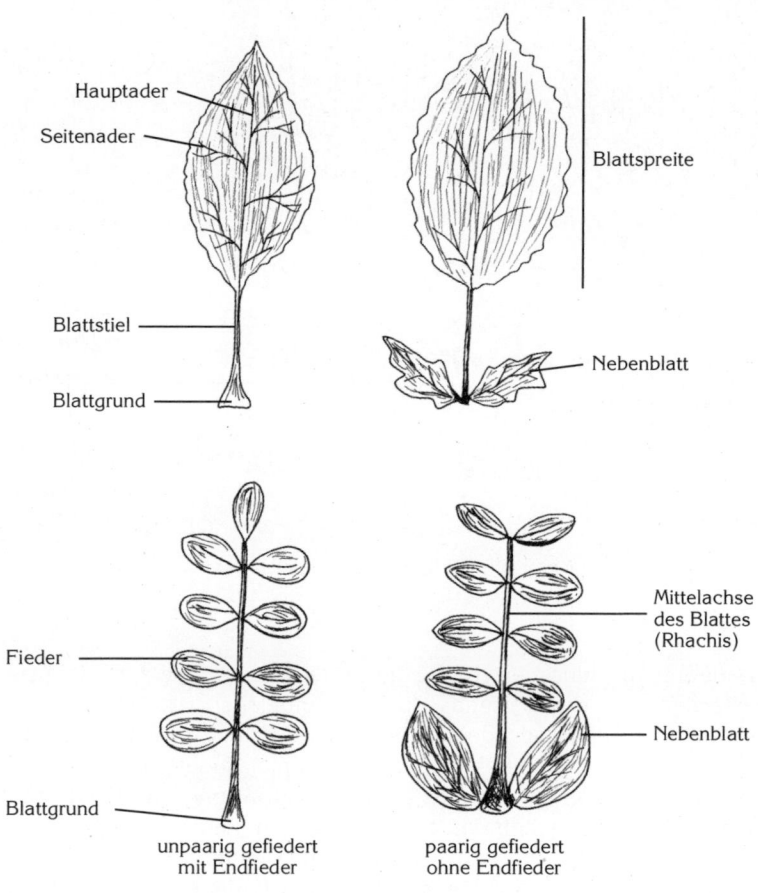

Beispiele für verschiedene Blattformen;
oben: ungeteiltes, einfaches Blatt ohne und mit Nebenblättern,
unten: zusammengesetztes Fiederblatt ohne und mit Nebenblättern

# Ein Binsen-Docht sorgt für Erleuchtung

## Benötigtes Material

Frisch geschnittene, ausgewachsene Stängel der Flatter-Binse (*Juncus effusus*) oder anderer kräftiger Binsen-Arten mit markgefüllten Stängeln; enghalsige kleine Glasflasche (z.B. von Ahornsirup oder Likör) oder Salzstreuer und Saftflaschen-Deckel oder kleine Öl-Lampe; Lampenöl; Bleistift oder Pinzette.

## Der Docht wird aus dem Mark des Stängels präpariert

Die runden Stängel der Flatterbinse enthalten ein lockeres Durchlüftungsgewebe (Aerenchym), das eine schaumgummi-ähnliche Konsistenz hat. Der grüne Stängel lässt sich aufrei-ßen, anschließend kann man das lockere, fadenförmige Mark vorsichtig mit dem Fingernagel, einer Bleistiftspitze oder Pinzette aus dem Stängel herausschieben. Wenn der aus dem Mark gewonnene Faden zu dünn ist, brennt der Docht im anschließenden Versuch schnell ab. Es ist deshalb hilfreich, in solchen Fällen das Mark mehrerer Stängel miteinander zu ver-zwirbeln und sie vorher in Öl zu tränken; andernfalls fackelt der Docht schnell ab.

Der auf die oben beschriebene Weise gewonnene Docht wird in eine mit Petroleumöl gefüllte Flasche, deren Deckel durch-bohrt ist, einen kleinen Salzstreuer aus Glas mit aufgesetztem, durchbohrtem Deckel oder besser noch in eine kleine Öllampe gehängt. Anschließend wird der Docht angezündet, die Öllampe brennt.

## Warum wirkt das Binsenmark wie ein Docht?

Binsen wachsen meist in einem feuchten, schlammigen und schlecht durchlüfteten Boden. Damit die Pflanze ausreichend mit Luft versorgt wird, ist der runde Stängel von einem Durch-lüftungsgewebe, dem so genannten Sternparenchym, ausge-füllt. Die toten Zellen dieses Gewebes verfügen über sternför-

*Alter: 6–16 J.; Sommer, draußen; Dauer: 15 Min.*
*Hilfe eines Erwachsenen erforderlich!*

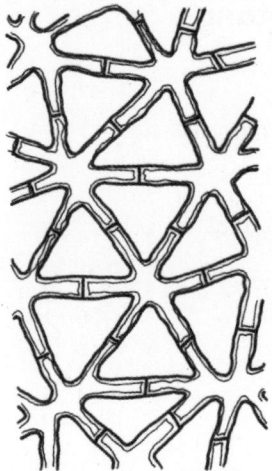

mige Fortsätze. Die einzelnen Zellen grenzen an den Fortsätzen aneinander und schließen zwischen sich große Hohlräume (Interzellularen) ein. Unter dem Mikroskop sind die meist 6-strahligen, sehr hübschen Zellen gut zu erkennen. Schon mit einer stärkeren Lupe ist die lockere Gewebestruktur des Binsenmarkes erkennbar. Eine wichtige Eigenschaft eines (Baumwoll-) Dochtes ist, dass es Hohlräume gibt, durch die ein Saugstrom des Öls oder flüssigen Wachses nachfließen kann. Es ist deshalb einleuchtend, dass so ein lockeres, aus trockenen und toten Zellen bestehendes Gewebe aus dem Binsenstängel, das mit Öl getränkt ist, gut als Docht zu verwenden ist.

Manch einer hat vielleicht versucht, eine Kerze mit schon fast abgebranntem Docht zu retten, indem ein Streichholz als Dochtersatz in die Kerze gesteckt wurde. Das Streichholz brennt fast ganz ab, eine Flamme entsteht nur dort, wo es direkten Kontakt zum Wachs gibt. Dies liegt daran, dass das Streichholz eben nicht über Hohlräume verfügt, in denen das flüssige Wachs nach oben gesogen werden kann.

## Ergänzungen und weiterführende Versuche

Aus den Zweigen des Schwarzen Holunders (*Sambucus nigra*) lässt sich nach Halbieren des Stängels leicht das schaumgummiartig leichte und lockere Mark präparieren. Auch dieses lockere Gewebe kann sich mit Wachs vollsaugen und wie ein Docht verwendet werden.

Das Mark des Schwarzen Holunders lässt sich übrigens auch in einem anderen Zusammenhang verwenden: Es ist ein gutes Hilfsmittel zum Anfertigen mikroskopischer Schnitte mittels Rasierklinge, indem das zu schneidende Objekt zwischen zwei »Klötzchen« aus Holundermark gelegt wird.

## Schon gewusst?

Das Mark aus dem Binsenstängel ist nicht nur ein schönes Versuchsobjekt, es wurde früher tatsächlich als Lampendocht verwendet.

Binsenhalme wurden in schmale Streifen zerschnitten, sodass das Mark freigelegt werden konnte. Mehrere Markfäden wurden dann mit dünnen Fäden verbunden. Im Jahr 1539 schrieb HIERONYMUS BOCK: „... das weiss marck auss den Bintzen gibt reyn gute wiechen (Dochte) in die ampeln bevorzugt". Ebenfalls aus dem 16. Jahrhundert stammt die englische Bezeichnung »candle-rus« für die Binse *Juncus lampocarpus*.

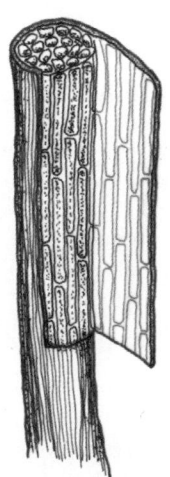

Es ist zu beachten, dass nicht alle Binsen zur Herstellung eines Dochtes geeignet sind. Die der Flatterbinse sehr ähnlich sehende Blaugrüne Binse (*Juncus inflexus*) hat gekammertes Mark, das sich nicht als durchgängiger Strang aus dem Stängel schieben lässt.

Die Kombination aus weichem, zentralem Mark mit einer festen, aber nicht starren, biegsamen Rinde macht die Binse zu einem idealen Material für Flechtwaren wie Körbe und Fischreusen. Der wissenschaftliche Gattungsname *Juncus* bezieht sich auf diese Verwendung, denn er leitet sich von lat. *jungere* = binden ab.

Auch andere Pflanzen wurden zur Herstellung von Dochten und Kerzen verwendet. So wird der Lippenblütler *Phlomis* auch Brandkraut oder Fackelblume genannt, da die aufgerollten Blätter als Lampendochte verwendet wurden. Auch die wolligen Blätter der Königskerze (*Verbascum lychnitis*) wurden als Dochte benutzt. Die getrockneten Stängel von Königskerzen wurden mit Wachs oder Harz getränkt, sodass sie wie Kerzen oder Fackeln brennen konnten.

## Wo gibt's die Zutaten?

Die Flatter-Binse wächst an Bachufern, auf feuchten Wiesen oder Kahlschlägen auf nährstoffreichen Lehm- und Torfböden; weitere kräftigere Arten werden gelegentlich in Parks und botanischen Gärten sowie an Gartenteichen kultiviert.

## Literatur

Bowes: *Farbatlas Pflanzenanatomie* • Düll, Kutzelnigg: *Taschenlexikon der Pflanzen Deutschlands* • Marzell: *Wörterbuch der deutschen Pflanzennamen* • Meyer: *Pflanzen der Heimat erzählen* • Nultsch, Grahle: *Mikroskopisch-botanisches Praktikum* • Steinecke, Auge: *Experimentelle Biologie* • Steubing, Schwantes: *Ökologische Botanik*

# Einrollen bei Löwenzahnstängeln

## Benötigtes Material

Einige Löwenzahnstängel (Stiel der Pusteblume, *Taraxacum officinale*); ersatzweise auch dünnere Stängel von Rhabarber (*Rheum rhabarbarum*); 2 Gläser mit Wasser; 1 Glas mit schwach konzentrierter Salzlösung (20 g Kochsalz auf 200 ml Wasser); 1 Glas konzentrierte Salzlösung (50 g Kochsalz auf 200 ml Wasser); Messer.

## Die Stängel rollen sich

Für den Versuch werden vier mit unterschiedlichen wässrigen Lösungen (zwei Gläser mit Wasser, jeweils ein Glas mit schwach und höher konzentrierter Kochsalzlösung) gefüllte Bechergläser benötigt. Ein hohler Stängel des Löwenzahns wird am unteren Ende gerade und sauber abgeschnitten und in das Glas mit Wasser gestellt. Weitere drei Stängel werden mit dem

Fingernagel oder einer Messerspitze etwa zwei Zentimeter tief gespalten. Jeweils einer der gespaltenen Stängel wird in ein Glas mit Wasser, schwacher und konzentrierter Salzlösung gestellt. Nach etwa 15 Minuten lässt sich folgendes Phänomen beobachten: Der gerade abgeschnittene Stängel bleibt unverändert. Bei dem gespaltenen Stängel im Wasser haben sich die einzelnen Gewebestreifen nach außen aufgerollt. In der schwachen Salzlösung haben sich die gespaltenen Stängel nicht oder nur kaum aufgerollt. In der konzentrierten Salzlösung sind sie etwas nach innen zusammengekrümmt.

*Alter: 6–10 J.; Frühling und Sommer, im Haus; Dauer: 30 Min.*

## Durch welche Kräfte rollen sich die Stängel auf?

Die Zellwände lebender, unverholzter Zellen, wie sie im saftigen Blütenstängel des Löwenzahns vorkommen, sind meist elastisch. Außer von der Zellwand sind die Zellen von einer halbdurchlässigen Membran umgeben. Die meisten im Wasser gelösten Moleküle und Ionen können nicht durch sie hindurchdringen. Nur kleine Teilchen wie die Wassermoleküle können in das Zellinnere gelangen. Der Zellsaft hat eine höhere Konzentration an gelösten Teilchen als reines Wasser der Umgebung. Dies bedeutet, dass aufgrund der Teilchenbewegung ein Konzentrationsausgleich der beiden ungleich konzentrierten Flüssigkeiten angestrebt wird (Osmose). Deshalb strömt Wasser in die Zellen ein, bis sie prall gefüllt sind. Es entsteht ein Druck von innen auf die Zellwand (Turgordruck). Da die einzelnen Zellen im Stängel in einen Gewebeverband eingebunden sind, können sie sich durch die Wasseraufnahme nur bedingt ausdehnen. Der ungespaltene Stängel behält deshalb seine ursprüngliche Form bei und krümmt sich nicht.

Durch das Einschneiden der Stängel werden Bindungen im Zellgewebe zerstört. Zuvor eingeengte Zellen bekommen Platz und können sich ausdehnen. Sie können nun vermehrt Wasser aufnehmen, bis der Druck innerhalb und außerhalb der Zelle ausgeglichen ist. Stellt man den gespaltenen Stängel in reines Wasser, nehmen die Zellen Wasser auf, da ihr Zellsaft mehr osmotisch wirksame Teilchen enthält. Ein Stängel in konzentrierter Salzlösung dagegen gibt Wasser ab. Eine mittlere Salzkonzentration entspricht in etwa der Konzentration gelöster Teilchen im Zellsaft. Konzentrationsausgleich findet hier also nicht mehr statt.

Die Krümmung der Stängelstreifen wird gefördert, da Zellen unterschiedlicher Stängelschichten verschieden elastisch sind und sich bei Wasseraufnahme unterschiedlich stark ausdehnen können. So sind die Zellwände im Stängelinneren elastischer als an der Stängelaußenseite. Wenn der Stängel in reinem Wasser steht, nehmen die inneren Zellen mehr Wasser auf als die äußeren, ihr Zellinnendruck ist dann höher und die Stängelstreifen rollen sich nach außen. Steht der Stängel in konzentrierter Kochsalzlösung, so geben ebenfalls die inneren Zellen mehr Wasser ab als die äußeren, sodass es zu einer Krümmung nach innen kommt.

## Ergänzungen und weiterführende Versuche

Manchmal kann man am Wegesrand Stiele von Löwenzahnblütenköpfchen entdecken, die zufälligerweise kurz unterhalb der Blüte abgeschnitten oder abgebissen worden sind. Beim Eintrocknen des bei der Verletzung gespaltenen Stieles können sich beide Enden schneckenförmig aufrollen.

Einen Konzentrationsausgleich von Flüssigkeiten kann man sehr gut an frischen Erdbeeren beobachten. Bestreut man sie mit Zucker, tritt nach kurzer Zeit zum Konzentrationsausgleich Saft aus den Zellen der Erdbeere aus. Umgekehrt werden schrumpelige Kartoffeln, die in Wasser gelegt werden, wieder prall, da Wasser osmotisch in die Knolle eindringt.

## Schon gewusst?

Wenn man Salatblätter mit Essig und Salz anmacht, sodass die Teilchen-konzentration höher als in den Zellen der Salatblätter ist, tritt Wasser aus. Die Salatblätter werden schlaff und fallen zusammen. Ein mit Salz und Essig angemachter Salat, der schon länger steht, ist folglich nicht mehr so frisch und knackig wie zuvor. Wenn man dagegen Salatblätter mit Wasser besprüht, dringt Wasser in die Zellen ein. Die Blätter erschlaffen nicht so schnell. Dieses Phänomen wird oft im Gemüseladen zur Frischhaltung genutzt.

Löwenzahn ergibt nicht nur einen guten Salat, sondern ist auch eine Heilpflanze, worauf sich der wissenschaftliche Name bezieht. Dieser stammt wohl aus dem Griechischen von *taraxis* = Entzündung (der Augen) und *akeomei* = ich heile. Eine andere Deutung geht davon aus, dass sich der Name auf das arabische Wort *tharakhchakon* bezieht. Damit war eine nicht genauer identifizierbare Pflanze mit gelben Blüten gemeint.

## Wo gibt's die Zutaten?

Der weit verbreitete Löwenzahn wächst an Straßen- und Wegrändern oder auf fetten Wiesen. Rhabarber wird in vielen Gärten als Zier- bzw. Gemüse-pflanze kultiviert. Die übrigen Zutaten sind im Haushalt vorhanden.

## Literatur

Baer: *Biologische Versuche* • Haug: *Naturkundliches Arbeitsbuch*
Molisch: *Botanische Versuche und Beobachtungen* • Steinecke, F.: *Methodik des biologischen Unterrichts* • Steinecke, Auge: *Experimentelle Biologie*

# Feuerfester Mammutbaum

## Benötigtes Material

Altes Telefonbuch oder Notizbuch (kein Hochglanzpapier); Mammutbaum (*Sequoiadendron giganteum*) vor Ort oder zufällig abgefallenes (nicht abreißen!) Rindenstück eines Mammutbaums.

## Die Borke des Mammutbaums ist einem Telefonbuch ähnlich

Betrachtet man die rotbraune Borke eines Mammutbaums, fällt auf, dass sie tief rissig, sehr dick und schwammig-faserig ist. Bei einem ausgewachsenen Baum kann die Borke 20–60 cm dick werden. Dieses Gewebe wird ständig von innen nachgebildet, um äußere Schichten, die abfallen oder abgenutzt werden, zu ersetzen.

Die vielen papierdünnen übereinander liegenden Schichten der Borke lassen sich mit den Fingernägeln voneinander ablösen. Es ist diese feine Schichtung, die den Baum sehr gut gegen Feuer schützt. Das Prinzip ihrer Brandschutzwirkung lässt sich gut anhand des Anbrennens eines Telefonbuches veranschaulichen.

Ein Telefonbuch wird fest geschlossen und die dicht gestapelten Seiten werden an eine Flamme gehalten. Die Seiten werden daraufhin rußig und eventuell frisst sich die Flamme etwas am Blattrand entlang. Das Buch als solches verbrennt aber nicht. Nun wird das Telefonbuch so aufgeschlagen, dass die einzelnen Seiten lose aufblättern. Eine Seite wird vorsichtig mit einem brennenden Streichholz berührt. Daraufhin brennt die Seite schnell ab und auch die übrigen Seiten fangen Feuer, bis schließlich das ganze Buch verbrennt.

---

*Alter: 10–16 J.; ganzjährig, draußen; Dauer: 10 Min.*
*Hilfe eines Erwachsenen erforderlich!*

Falls ein Stück Mammutbaum-Borke zur Verfügung steht, kann der Anbrennversuch auch daran ausprobiert werden.

## Was schützt die Borke vor dem Verbrennen?

Die Borke des Mammutbaums brennt schlecht, da sie kein leicht entflammbares Harz enthält wie z.B. die Borke von Fichte und Kiefer. Zudem sind die vielen dünnen Schichten der Borke (die den Seiten im Telefonbuch entsprechen) so dicht gepackt, dass für eine Flamme nicht ausreichend Sauerstoff dazwischen gelangt.

Bei einem Feuer brennen folglich nur die äußersten Borkenschichten etwas an. Das Innere des Stammes und das unter der Borke liegende empfindliche Bildungsgewebe (Kambium), das für das Dickenwachstum des Baumes verantwortlich ist, bleiben von Flammen und Hitze unversehrt.

Im Gegensatz zur Borke des Hauptstammes verbrennen dünne Zweige und Nadeln des Mammutbaums bei einem Waldbrand sehr leicht. Durch die Fähigkeit, rasch wieder auszutreiben, neue Zweige und Nadeln zu bilden, kann der Mammutbaum Feuerschäden jedoch schnell wieder ausgleichen.

## Ergänzungen und weiterführende Versuche

Im Vergleich zum Mammutbaum wird ein Stück Borke einer Kiefer angezündet. Wegen der eingelagerten Harze brennt sie sehr gut.

## Schon gewusst?

Der Mammutbaum (*Sequoiadendron giganteum*) ist einer der Baumriesen Nordamerikas und wird als größtes Lebewesen auf der Erde angesehen. Vor den Eiszeiten besiedelten Mammutbäume auch Asien und Europa. Insgesamt bis etwa 90 m hoch, beginnt die Beastung mitunter erst in 50 m Höhe! Unsere Buchenwälder sind im Vergleich dazu mit einer Höhe um 20–30 m niedrig. Einzelne Baumindividuen des Riesenmammutbaumes wurden sehr berühmt, sodass sie Eigennamen erhielten: GENERAL SHERMAN beispielsweise ist 83 m hoch und am Fuß 11 m dick. Die ältesten Mammutbäume sind 3000–3500 Jahre alt. Wären die Mammutbäume nicht so gut gegen Feuer geschützt, könnten sie sicherlich nicht so alt werden. Denn in der Heimat der Mammutbäume kommt es immer wieder zu natürlichen Bränden. Pflanzen, die nicht an solch regelmäßig auftretende Feuer angepasst sind, würden nicht lange überdauern können.

Die spezielle Ausbildung der Borke eines Mammutbaumes ist also als Anpassung an den Standort zu erklären. In weniger feuergefährdeten Lebensräumen z. B. Mitteleuropas, wie sie die Kiefer besiedelt, ist eine entsprechende Anpassung zum Überleben nicht notwendig.

## Wo gibt's die Zutaten?

Alte Telefonbücher fallen im Haushalt an. Die aus Kalifornien stammenden Mammutbäume sind bei uns häufig in Parkanlagen, botanischen Gärten und Arboreten angepflanzt. Garten- und Forstämter oder Parkverwaltungen in der Nähe können sicher Auskunft darüber geben, wo sich der nächste Mammutbaum befindet.

## Literatur

Krüssmann: *Handbuch der Laubgehölze* • Menninger: *Fantastic trees* Steinecke, H.: *Xylem und Phloem. Natur- und Kulturgeschichte des Holzes*

# Mit Korken kokeln

## Benötigtes Material

Flaschenkorken (Korkgewebe = Phellem, kein Presskorken!); Feuerzeug oder brennende Kerze; im Vergleich dazu Presskork.

## Der Korken wird über eine Flamme gehalten

Das Ende eines Flaschenkorkens wird in die Flamme gehalten. Daraufhin fangen die Ränder des Korkens kurzfristig Feuer, doch danach erlischt die Flamme schnell wieder. Der Korken ist rußig geworden, nicht aber verbrannt. Das nicht brennende Ende des Korkens wird während des Erhitzens nicht heiß. Ebenso kann man die rußigen Stellen des Korkens gleich nach der Feuerbehandlung anfassen, ohne sich die Finger zu verbrennen. Im Vergleich dazu wird ein Eisennagel über die Flamme gehalten. Da Eisen Wärme viel besser als Kork leitet, ist der Nagel bald auch am anderen Ende so heiß, dass man ihn nicht mehr anfassen kann.

Um neben der Feuerfestigkeit die Elastizität zu testen, kann man einen Korken mit den Fingern möglichst fest zusammendrücken. Der Korken lässt sich unter Druck verformen, dehnt sich danach aber wieder zur Ursprungsform aus.

## Woher stammt Kork?

Kork stammt von der in Portugal, Spanien und Südwest-Frankreich beheimateten Kork-Eiche (*Quercus suber*). Eine mehrere Zentimeter dicke Korkschicht umgibt den Stamm des Baumes und bewahrt ihn wie ein Schutzmantel vor Hitze, Kälte, Feuer und mechanischen Belastungen. Waldbrände oder das Anfressen des Stammes durch größere Säugetiere können dem Baum folglich nicht viel anhaben. Das liegt daran, dass Korkzellen abgestorben und mit Luft gefüllt sind. Die Zellwände sind nicht starr verholzt, sondern erhalten ihre Festigung durch Einlagerung des elastischen Korkstoffes (Suberin), der selbst luftundurchlässig ist. Die Korkschichten werden von einem Korkbildungsgewebe (Phellogen) immer wieder neu gebildet, weshalb es prinzipiell und bei vorsichtiger Entnahme für den Baum nicht schädlich ist, den Kork abzuschälen.

*Alter: 6–10 J.; ganzjährig, im Haus und draußen; Dauer: 10 Min.*
*Hilfe eines Erwachsenen erforderlich!*

Wenn der Baum etwa 20–30 Jahre alt ist, wird die äußerste Schicht der Borke, die Korkschicht, erstmals abgeschält. Der erste geerntete Kork ist der »Jungfernkork«. Durch die Entnahme wird die Bildung einer neuen Korkschicht angeregt. Nach etwa 10 Jahren kann die Korkeiche erneut beerntet und der technisch wertvolle Kork gewonnen werden.

Der Schwerpunkt der Kork verarbeitenden Industrie befindet sich in Portugal. Da aber Weinflaschen zunehmend mit Schraubdeckeln verschlossen werden, lohnt sich die Pflege der alten Korkeichen vielerorts nicht mehr, sodass die alten Korkeichenhaine verfallen. Dies wäre ein großer kultureller und auch ökologischer Verlust, denn im Laufe der Jahrhunderte haben sich viele Pflanzen und Tiere an die Bedingungen in der parkartigen Korkeichenlandschaft angepasst. Viele Korkeichenwälder wurden in den letzten Jahren durch schnellwüchsige Eukalyptusplantagen ersetzt, die dem Boden zu viel Grundwasser entziehen.

## Ergänzungen und weiterführende Versuche

Nicht nur die Kork-Eiche schützt sich durch eine Korkschicht vor schädlichen Umwelteinflüssen wie Hitze, Kälte oder Trockenheit. Viele Früchte, Knollen oder Stämme bilden korkhaltige Bereiche aus, so auch die Kartoffelknolle. Sie ist von einer dünnen korkigen Haut umgeben, die die Knolle vor dem Austrocknen schützt. Für den Versuch benötigt man 2 unterschiedlich große Kartoffeln. Man schält die größere der beiden und schneidet so viel von ihr ab, dass sie gleiches Gewicht wie die zweite, ungeschälte Kartoffel hat. Beide Kartoffeln legt man anschließend für etwa 2–3 Tage auf ein beheiztes Fensterbrett. Wer es eiliger hat, kann durch Fönen nachhelfen oder die Kartoffeln einige Stunden in den Backofen bei etwa 50 °C legen. Danach wird mit einer feinen Waage (z. B. Briefwaage) das Gewicht der Kartoffeln gemessen. Die geschälte Kartoffel ist deutlich leichter geworden, da ihr die Korkschicht fehlt, die vor Verdunstung schützt.

Korkgewebe lässt sich leicht von einem Korken in einer dünnen Schicht abschneiden und unter dem Mikroskop betrachten. Auffällig sind die wie Ziegelsteine in einer Mauer gleichmäßig angeordneten, rechteckigen Zellen. Kork kann bis zu 40 Mio. Zellen pro cm$^3$ enthalten.

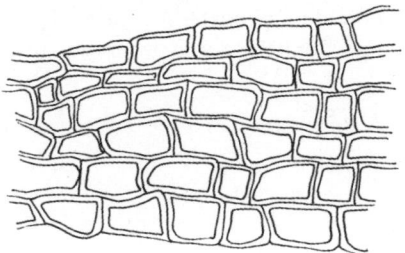

## Schon gewusst?

Schon seit dem 17. Jahrhundert werden Weinflaschen mit Korken verschlossen. Der Korken soll den Wein vor dem Verderben schützen. Mit minimalem Kontakt zu Sauerstoff kann der Wein noch in der Flasche langsam reifen. Manchmal »hat der Wein Kork«. Dieser typische Korkgeschmack entsteht, wenn bei der Korkernte oder der Lagerung durch Schimmelpilze Trichloranisol entsteht. Diese Substanz erkennt man schon durch Schnuppern am Weinkorken; beim Probieren erweist sich der Wein oft als untrinkbar.

In welcher Richtung wird eigentlich der Korken aus der Korkschicht gestanzt? Am besten ist die Längsrichtung, weil in dieser Richtung auch die Bastfasern verlaufen. Verlaufen diese dann auch von oben nach unten im Korken, ist ein gewisser, gewünschter Gasaustausch in der Flasche möglich. Außerdem ist die Korkschicht oft auch nicht ausreichend dick, um in radialer Richtung einen Korken gewünschter Länge daraus ausstanzen zu können.

Die federnden Eigenschaften des Korkes werden bei der Herstellung von Fußbetten in Schuhen und Bodenbelägen genutzt. Da Kork gut isoliert, werden aus ihm Untersetzer für heiße Töpfe oder Bodenbeläge, auf denen man weniger kalte Füße bekommt, hergestellt. Auch als alternatives Dämmmaterial zur Außenisolierung von Wänden findet Kork Verwendung. Beim Kauf entsprechenden Dämmmaterials sollte darauf geachtet werden, dass im Recycling-Verfahren hergestellter Kork verwendet wurde.

Da Kork ein zwar nachwachsender, aber dennoch sensibler und nicht uneingeschränkt produzierbarer Rohstoff ist, sollten alte Korken in einer Sammelstelle (in den meisten Bioläden) abgegeben und somit dem Recycling zugeführt werden.

## Wo gibt's die Zutaten?

Wenn das nächste Mal eine Flasche Wein getrunken wird, sollte man daran denken, den Korken aufzuheben.

## Literatur

Baer: *Biologische Versuche* • Brecht: *Professor Zweistein. Experimente zum Mitmachen* • Ehrhardt: *Das große Heinz Erhardt Buch* • Molisch: *Botanische Versuche und Beobachtungen* • Schäfer: *Kork – der nachwachsende Rohstoff* • Sitte et al.: *Lehrbuch der Botanik* • Wagenitz: *Wörterbuch der Botanik*

# An einem Strohhalm »wird eine Tonfolge abgeschnitten«

## Benötigtes Material

Möglichst lange Kunststoff-Strohhalme; Schere.

## Das Modell eines Rohrblattes aus einer Oboe wird hergestellt

Ein Halmende wird etwa 1 cm lang zu einem spitzen Dreieck zugeschnitten. Das zugespitzte Ende des Halms wird anschließend locker zwischen die Lippen geklemmt und an der Ansatzstelle des Schnittes leicht zusammengedrückt. Bläst man nun Luft durch den Trinkhalm, kann ein lauter, vibrierender Ton erzeugt werden. Je länger der Trinkhalm, desto tiefer ist der erzeugte Ton. Die Pfeif- oder Brummtöne entstehen durch den Luftstrom, der durch den engen Halm strömt und durch die zugeschnittenen, vibrierenden Enden des Strohhalms in Schwingungen gerät. Während eine Person den Strohhalm im Mund hat und Töne erzeugt, wird von einer zweiten Person Stück für Stück der Halm von unten mit einer Schere abgeschnitten. Nach jedem Schnitt wird der Klang höher, es entsteht eine Folge immer höher werdender Töne.

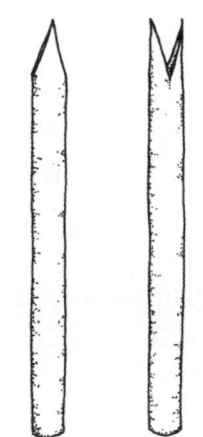

## Warum eignet sich das Spanische Rohr zur Herstellung von Rohrblättern?

Das aus dem Trinkhalm hergestellte Instrument ist ein Modell eines schwingenden Doppelrohrblattes in den Mundstücken von einigen Holzblasinstrumenten (die Klarinette hat beispielsweise nur ein einfaches Rohrblatt). Bei der Oboe wird das Klang erzeugende Doppelrohrblatt aus einem verholzten Stängelstück des Spanischen Rohres (*Arundo donax*), einem kräftigen, schilfähnlichen Gras aus dem Mittelmeergebiet, hergestellt.

---

*Alter: alle Altersstufen; ganzjährig, im Haus und draußen; Dauer: 15 Min.*

Der Stängel dieses robusten Grases ist hohl, wie bei fast allen Gräsern. Aufgrund von Festigungsgewebe ist er stabil genug, um daraus ein Rohrblatt herzustellen, das nicht sofort bricht. Andererseits ist das Gewebe so elastisch, dass es sich zusammendrücken lässt. Rohrblätter aus dem Spanischen Rohr werden für Holzblasinstrumente wie Oboe, Fagott und Klarinette verwendet.

## Ergänzungen und weiterführende Versuche

Mit etwas Glück kann man auch mit einem Naturstrohhalm, also einem echten Grashalm, Töne erzeugen. Da getrocknete Strohhalme meist jedoch spröde sind und schnell einreißen, klappt der Versuch nicht immer; einen Test ist es jedoch wert. Früher galt es bei Kindern als beliebtes Spiel, sich aus den hohlen Stängeln des Löwenzahns einen »Brummer« zu basteln. Wegen des klebrigen Milchsaftes sollte man darauf besser verzichten.

Es bereitet viel Spaß, wenn mehrere Personen sich eine »Strohhalm-Oboe« unterschiedlicher Länge zurechtschneiden. Jeder erzeugt nun einen unterschiedlich hohen Ton. Wenn die Töne aufeinander abgestimmt sind, kann die Gruppe nun möglicherweise eine kleine Melodie spielen. Eine weitere Variation des Trinkhalm-Musizierens besteht darin, am Ende des Halms einen Trichter zu befestigen, wodurch sich der erzeugte Ton verändert.

## Schon gewusst?

Nicht nur aus dem Spanischen Rohr lassen sich Teile von Musikinstrumenten bauen. Die kräftigen Halme verschiedener Gräser wie Schilf und Bambus sind ideale Materialien beispielsweise für Panflöten. Pater DIEGO CERA erbaute 1816–1824 für die St. Joseph-Kirche von Las Piñas auf den Philippinen sogar eine Orgel mit 901 Bambuspfeifen.

## Wo gibt's die Zutaten?

Normal lange Trinkhalme gibt es in Supermärkten, in manchen Geschäften werden aber auch 70–100 cm lange Trinkhalme angeboten, mit denen man mehr Töne erzeugen kann.

## Literatur

Carstensen: *Griechische Sagen* • Geck: *Musikbegleiter 5/6. Lehrwerk Banjo* Martini: *Musikinstrumente – erfinden, bauen, spielen* • Schumacher: *Nur Gräser?* • Steinecke, H.: *Korn – Brot, Getreide, Gräser* • Ulbrich: *Biologie der Früchte und Samen*

# Pfeifen bauen aus dem Pfeifenstrauch

## Benötigtes Material

Dickere Stängel des Pfeifenstrauches oder Japanischen Staudenknöterichs (*Reynoutria japonica* = *Fallopia japonica*, nicht *Aristolochia* oder *Philadelphus*, die auch als Pfeifenstrauch bezeichnet werden); kleine Handsäge oder kräftiges Taschenmesser; Blumendraht.

Nur wenn man sich ganz sicher ist, dass man die Stängel des Knöterichs und nicht einer anderen Art vor sich hat, sollte man daraus eine Pfeife herstellen, denn Stängel anderer Arten können möglicherweise giftigen Saft enthalten, der an der Lippe zu Verletzungen führen könnte.

## Eine Pfeife wird aus dem Stängel geschnitten

Der Stängel des Pfeifenstrauches ist saftig und hohl und im Abstand von etwa zehn Zentimetern durch Knoten gegliedert. Aus einem kräftigen, etwa einem Zentimeter breiten Stängel wird ein Abschnitt herausgeschnitten, der an einem Ende geschlossen und am anderen offen ist. Man beachte, dass die Schnittfläche sauber und gerade sein sollte. Es empfiehlt sich, das Stängelstück mit einer kleinen Laubsäge zurechtzusägen. Hält man nun das Rohr an die Lippen und bläst darauf wie auf einer Flasche, können laute Pfeiftöne erzeugt werden. Noch mehr Spaß macht das »Musizieren«, wenn mehrere, unterschiedlich lange und dicke Stängelstücke ähnlich wie bei einer Panflöte nebeneinander befestigt werden. Dies ist sehr gut mit Blumendraht zu machen.

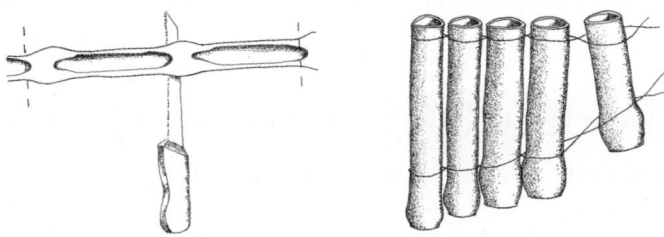

## Wie ist der Stängel aufgebaut?

Eine Flöte kann nur aus dem Stängel gebaut werden, weil er innen hohl ist. Wie bei den Gräsern ist der Stängel in kompakte Knoten und Knoten-

---

*Alter: 6–10 J.; Sommer und Herbst, im Haus und draußen; Dauer: 15 Min. Hilfe eines Erwachsenen erforderlich!*

zwischenstücke gegliedert. Die zentrale Höhle wird von der saftigen, grünen Rinde umgeben. In ihr liegen ringförmig die Leitbündel. Die unverholzten Stängel des Pfeifenstrauches sterben zum Winter hin ab, die Pflanze treibt jedes Jahr wieder neu aus dem Wurzelstock aus.

## Ergänzungen und weiterführende Versuche

Wenn die Stängelstücke zurechtgeschnitten werden, müssen die großen dreieckig-eiförmigen Blätter entfernt werden. Aus diesen Blättern lassen sich ganz leicht Masken oder Gesichter herstellen, indem Löcher für Augen, Nase und Mund aus der Blattspreite herausgerissen werden.

Mit einer ganzen Reihe anderer Pflanzenteile lassen sich Musikinstrumente basteln. Ein einfaches Beispiel ist die »Nuss-Flöte«: Der obere Teil einer Haselnuss wird mit einem Stein angeschliffen, bis der Kern herausfällt. Die Kanten werden anschließend glatt geschmirgelt. Danach kann man auf der Schalenkante Töne wie auf einer leeren Flasche blasen.

## Schon gewusst?

Wie der deutsche Name bereits vermuten lässt, stammt der Japanische Knöterich ursprünglich aus Japan und wurde 1825 nach Europa eingeführt. Heute ist er in ganz Mitteleuropa eingebürgert und kaum noch auszurotten. Es handelt sich um einen so genannten Neophyten, eine Pflanze, die erst nach der Entdeckung Amerikas in unserer heimischen Flora vertreten ist. Da der Pfeifenstrauch sehr wüchsig und konkurrenzstark ist, verdrängt er an seinen Wuchsorten die heimischen Pflanzen. Der Japanische Staudenknöterich kann mit dem ähnlichen, ebenfalls als Neophyt bei uns vorkommenden Sachalin-Knöterich (*Reynoutria sachalinensis*) verwechselt werden, der sich für die Pfeifenherstellung ebenfalls eignet.

## Wo gibt's die Zutaten?

Der Pfeifenstrauch ist eine aus Asien eingeführte Staude, die häufig an Fluss- und Bachufern, an Bahndämmen, auf Ödland oder als gefürchtetes »Unkraut« in Parks und Gärten vorkommt.

## Literatur

Haeupler, Muer: *Bildatlas der Farn- und Blütenpflanzen Deutschlands*
Jäger, Werner: *Rothmaler – Exkursionsflora von Deutschland*
Sebald, Seybold, Philippi: *Die Farn- und Blütenpflanzen Baden-Württembergs*

# Piewitsch-Flöte

## Benötigtes Material

Etwa 1–1,5 cm dicker astloser und frisch geschnittener Zweig von Vogelbeere (Eberesche, *Sorbus aucuparia*), Esche (*Fraxinus excelsior*) oder Holunder (*Sambucus nigra*); Taschenmesser; eventuell Leim; feste Unterlage.

Die Zweige sollten im Saft stehen, jedoch noch nicht vollständig ausgetrieben sein, weshalb man gute Ergebnisse nur im Frühjahr erzielt.

## Eine Piewitsch-Flöte wird hergestellt

In der Eifel werden seit Generationen im Frühling aus frisch geschnittenen Zweigen der Vogelbeere einfache Flöten hergestellt. Die Flöten sind allerdings nur etwa eine Stunde lang benutzbar, danach kann man ihr keine Töne mehr entlocken. Ähnliche Flöten haben Kinder nicht nur in der Eifel geschnitzt. Es wurde dann jedoch auch auf andere Gehölze zurückgegriffen. Sehr gut geeignet ist die Esche, beim Holunder neigt die Rinde bei der Bearbeitung zum Einreißen.

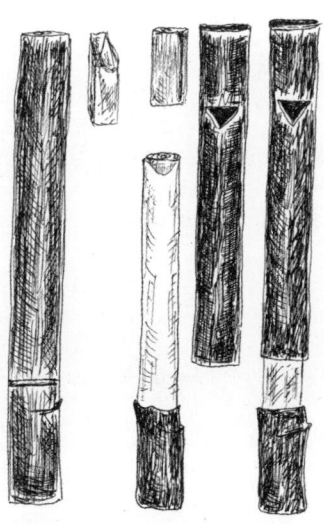

Von dem Ast wird ein etwa 15 cm langes, gleichmäßiges Stück, möglichst ohne Verzweigungen, abgeschnitten. Etwa in der Mitte des Zweiges wird die Rinde ringförmig mit dem Taschenmesser bis auf das Holz eingeschnitten. Anschließend legt man den Zweig auf die Knie oder eine feste Unterlage und klopft mit dem Messergriff vorsichtig auf den Abschnitt oberhalb des Einschnit-

Auf der CD-ROM finden Sie eine detaillierte Anleitung zum Nachbau der Piewitsch-Flöte.

tes. Damit alle Seiten gleichmäßig beklopft werden, wird der Ast dabei gedreht. Nach etwa einer Viertelstunde hat sich die Rinde vom Holz gelöst und lässt sich unter vorsichtigem Drehen nach oben schieben. Etwa 2 cm vom oberen Rand entfernt schneidet man eine Kerbe für das Luftloch in die Rinde. Anschließend wird die Rinde nach oben geschoben, wobei Vorsicht geboten ist, dass sie dabei nicht einreißt. Von dem nun freigelegten

*Alter: alle Altersstufen; Frühling, im Haus und draußen; Dauer: 30 Min.*
*Hilfe eines Erwachsenen erforderlich!*

Kernholz wird ein Stück abgeschnitten, das so lang ist wie der Abschnitt bis zur oberen Kante der Kerbe. An einer Seite wird das Holzstück abgeflacht, um den Luftkanal der Flöte zu bilden. Das so bearbeitete Holzstückchen wird in die Rindenröhre bis zur Kerbe geschoben. Das Mundstück ist fertig. Falls das Holzstückchen nicht ganz fest sitzen sollte, kann man es auch mit einem kleinen Tropfen Leim festkleben. Die Rindenröhre samt Mundstück kann nun auf das freigelegte Kernholz gesteckt werden. Die Flöte wartet darauf, gespielt zu werden. Wenn man in die Flöte bläst und das untere Stück nach oben schiebt, werden die Töne höher; schiebt man es nach unten, werden die Töne tiefer. Am Anfang wird man sicherlich nur einzelne Töne erzeugen können, mit Übung und Geduld kann man auf der Piewitsch-Flöte auch Melodien spielen.

## Warum löst sich die Rinde so gut vom Holz?

Rinde und Holz sind durch ein zartes Bildungsgewebe (Kambium) voneinander getrennt. Durch das Klopfen werden die zarten Zellen des Kambiums gelockert, sodass sich mit ihnen die Rinde abdrehen lässt. Die Blattansätze eines voll ausgetriebenen Zweiges würden ein leichtes Abdrehen der Rinde verhindern. Außerdem ist später die Rinde zu hart und steif.

## Ergänzungen und weiterführende Versuche

Bei manchen Baum-Arten löst sich das ältere äußere Abschlussgewebe (die Rinde bzw. Borke) auch ohne Nachhelfen in einem natürlichen Prozess. Die äußeren, starren Schichten werden abgegeben, damit der Baum besser in die Breite wachsen kann. Gerade an Platanen kann man im Sommer häufig beobachten, dass Teile der Borke schuppenartig vom Stamm abfallen (Schuppenborke). Bei der Birke ringelt sie sich ab. Besonders gut zu beobachten ist das an der aus Nordamerika stammenden, bei uns in Parkanlagen häufiger angepflanzten Papier-Birke (*Betula papyrifera*). Weiße papierartige Rinden-Fetzen lösen sich vom Stamm. Vorsichtig und ohne Gewalt (damit der Baum nicht verletzt wird) kann man einmal ausprobieren, wie große »Papierstücke« sich vom Birkenstamm abringeln lassen.

## Schon gewusst?

In der Eifel erzählt man, dass der Bau einer Piewitsch-Flöte nur gelinge, wenn man während des Rindenklopfens immer wieder folgenden Text singe:

„Piewitsch, kumm eruss, dann krischst de bottermelesch!"
(übersetzt: „Piewitsch, komm heraus, dann bekommst du Buttermilch!")

Ohne diesen Gesang soll es angeblich nicht funktionieren, die Rinde platzt auf ... und man kann von vorne anfangen!!!

## Wo gibt's die Zutaten?

Eberesche und Esche sind häufig in Parks und Gärten sowie als Straßenbäume angepflanzt. Sie sind aber auch im Wald anzutreffen. Holunder wächst häufig wild in der Nähe menschlicher Siedlungen.

## Literatur

Fischer-Rizzi: *Blätter von Bäumen* • Laudert: *Mythos Baum*
http://www.kidsweb.de/basteln/pan.htm
http://mathematische-basteleien.de/floete.htm

# Seifenblasen mithilfe einer Liane erzeugen

## Benötigtes Material

Etwa einen Meter lange, bereits abgestorbene, ausgetrocknete und saft-lose Spross-Stücke der Gemeinen Waldrebe (*Clematis vitalba*) mit einem Durchmesser von etwa 1 cm; Seifenblasen-Lösung.

Wenn die im Wald gesammelten Sprosse noch feucht sind, sollte man sie so lange in einem trockenen Raum liegen lassen, bis sie richtig ausge-trocknet sind, denn der frische Saft kann die Haut reizen und ein Kontakt sollte vermieden werden; ersatzweise ist auch eine Rolle Peddigrohr für den Versuch geeignet. Dabei handelt es sich um biegsame Spross-Stücke der Rotang-Palme (*Calamus*) aus Südostasien. Aus ihren Sprossen wer-den die Rattan-Möbel hergestellt.

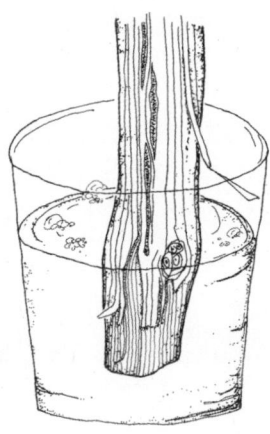

## Der Schaum-Bart wächst

Da die Sprosse der Waldrebe außen sehr faserig sind, ist es für die Durchführung des Versuches einfacher, zunächst die lockeren äußeren Bastfa-sern der Borke abzuziehen. Wer sich nicht sicher ist, ob der Stängel saftlos ist, und deshalb ganz vorsichtig sein will, kann über das Ende, durch das die Luft geblasen werden soll, ein dünnes Tuch legen. Wenn nun das eine Ende des Spros-ses etwa fünf Zentimeter tief in die Seifenblasen-lösung getaucht und am anderen Ende Luft hin-eingeblasen wird, quillt sogleich Schaum wie ein langer Bart aus dem unteren Ende des Stängel-stückes. Der Bart besteht aus vielen kleinen Sei-fenbläschen. Haftet nicht mehr ganz so viel Sei-fenlösung an dem Stock, werden die anfänglich kleinen Seifenblasen immer größer. Verwendet man Peddigrohr für den Versuch, ist es ein Spaß auszuprobieren, durch ein wie langes Stück die Seifenblasen noch erzeugt werden können bzw. wie viel Zeit man benötigt, bis die ersten Blasen erscheinen. Abhängig von der Dicke und Länge des Peddigrohres wird man unterschiedliche Ergebnisse erhalten.

*Alter: 6–10 J.; ganzjährig, draußen; Dauer: 10 Min.*

## Warum haben Lianen so effektive Leitungsbahnen?

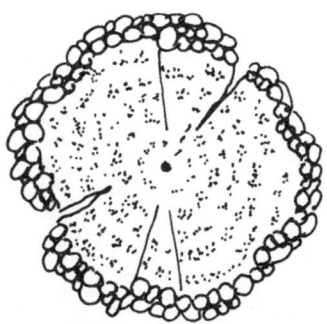

Pflanzen transpirieren über ihre Blätter das von den Wurzeln aufgenommene Wasser. Über die Leitbündel wird es in der ganzen Pflanze verteilt. Bei Wasserverlust an den Blättern und ausreichend vorhandenem Wasser im Boden wird ständig Wasser aufgenommen und nach oben geleitet; der Motor für diesen Wasseranstieg ist letztendlich die Sonnenenergie. Die Leitbündel sind mit Röhrensystemen vergleichbar, durch die man auch Luft pumpen kann. Da die gewundenen Sprosse der Lianen um ein Vielfaches länger als die größten Bäume werden können (Sprosslänge der Rotang-Palme bis zu 400 m!) und dementsprechend das Wasser große Strecken in der Pflanze zurücklegen muss, sollte der Wassertransport in Lianen sehr effektiv sein. Dies ist nur möglich, wenn die wasserleitenden Gefäße der Lianen (die Tracheen) einen relativ großen Durchmesser haben. Im Querschnitt sind die breiten Wasserleitungsbahnen vieler Lianen schon mit dem bloßen Auge gut als Poren zu erkennen. Im Holz von Bäumen oder Sträuchern sind sie dagegen deutlich enger und nur mit der Lupe erkennbar. Bei der Waldrebe kann das Wasser mit einer Geschwindigkeit von $2-2,5$ m/min transportiert werden. Nadelbäume, die nur relativ schmale und deshalb nicht so leistungsfähige Wasserleitungsbahnen (Tracheiden) in ihrem Holz bilden, weisen mit etwa 25 mm/min eine um den Faktor 100 geringere Wassertransportleistung auf.

## Ergänzungen und weiterführende Versuche

Wenn man sich den Querschnitt eines *Clematis*-Sprosses mit der Lupe genauer ansieht, sind die weiten, im Querschnitt porenförmigen Wasserleitungsbahnen zu erkennen. Im Vergleich dazu können ein Baumstumpf oder eine Baumscheibe untersucht werden, die Poren sind hier viel kleiner.

## Schon gewusst?

Lianen müssen nicht nur effektiv Wasser transportieren können, sondern auch sehr elastisch sein. Das Festigungsgewebe ist deshalb meist nicht kompakt, sondern von zahlreichen Markstrahlen (aus unverholzten Zellen) durchdrungen. Wären die Lianen starr und unelastisch, hätte sich Tarzan nicht an ihnen durch den Regenwald schwingen können. Die größten

Bäume (Mammutbaum, Eukalyptus) werden kaum höher als 100 m, ihre Sprossachsen bleiben damit kürzer als diejenigen der längeren Lianen. Höher können solche Baumriesen nicht werden, da das Wasser nur bis in diese Höhe gesogen werden kann. Die Bäume würden bei größeren Höhen verdursten.

## Wo gibt's die Zutaten?

Die Gemeine Waldrebe ist eine heimische Liane, die besonders an Waldrändern und in Auwäldern an Bäumen bis zu 15 m hochklettert, ihre Sprosse werden etwa 3 cm dick. Alte Sprossteile kann man in der Nähe von größeren Beständen leicht finden. Verschiedene *Clematis*-Arten und Hybriden sind auch beliebte Zierpflanzen, die zur Fassadenbegrünung verwendet werden. Falls ihre Stängel etwa einen Zentimeter dick sind, können sie ebenfalls für den Versuch verwendet werden. Das von der kletternden Rotang-Palme (*Calamus*-Arten) stammende Peddigrohr ist in Bastelgeschäften erhältlich. Das angebotene Material ist allerdings wesentlich dünner als bei *Clematis*. Seifenblasenlösung kann man sich selber aus flüssigem Spülmittel herstellen oder in Spielwarengeschäften erstehen. Bei fertiger Seifenblasenlösung werden die Blasen meist größer und sind stabiler.

## Literatur

Bärtels: *Farbatlas Tropenpflanzen* • Bowes: *Farbatlas Pflanzenanatomie*
Düll, Kutzelnigg: *Taschenlexikon der Pflanzen Deutschlands*
Flindt: *Biologie in Zahlen* • Steinecke, H.: *Xylem und Phloem. Natur- und Kulturgeschichte des Holzes*

# Köpfehängen nach leichten Schlägen

## Benötigtes Material

Ein- und mehrjährige Pflanzen am Standort mit gestreckter Blütenstandsachse, so z.b. Kanadisches Berufskraut (*Conyza canadensis*), Roter Fingerhut (*Digitalis purpurea*), Blutweiderich (*Lythrum salicaria*), Königskerze (*Verbascum*-Arten) oder Gewöhnlicher Natternkopf (*Echium vulgare*).

Wichtig ist, dass der Stängel noch nicht völlig ausgereift und verhärtet ist, es sollten deshalb im verwendeten Blütenstand noch einige Knospen vorhanden sein.

## Der Blütenschaft krümmt sich

Mit der schrägen Handkante oder einem Stock klopft man mehrmals von einer Seite nicht zu stark auf das untere, bereits ausgewachsene Ende des blütentragenden Stängels. Unmittelbar nach der Erschütterung krümmt sich das junge, noch weiche Ende des Stängels in Schlagrichtung. Falls die Versuchspflanze bereits vor der Erschütterung an der Spitze gekrümmt ist (z.B. gelegentlich beim Fingerhut), sollte man sich so vor die Pflanze stellen, dass sie sich zu einem hin biegt. Wenn nun gegen den unteren Bereich des Schaftes geschlagen wird, kann die Wendung in Schlagrichtung gut beobachtet werden.

## Warum hält der Stängel den Schlägen nicht stand?

Die jungen Triebe krautiger Pflanzen sind nicht verholzt, deshalb weich und formbar. Wenn nun auf eine Seite des Stängels geschlagen wird, verbiegt sich dasjenige Gewebe besonders stark, das der berührten Seite gegenüberliegt. Es entsteht eine Krümmung in Schlagrichtung, die nicht sofort wieder reversibel ist. Die Verlängerung der gedehnten Seite kann bis zu 3,5 % der Gesamtlänge des Stängels betragen. Will man nach ein paar Tagen kontrollieren, ob die Blütenstände immer noch gekrümmt sind, sollte man die Stängel mit einem Faden markieren.

*Alter: 6–10 J.; Sommer, draußen; Dauer: 5 Min.*
*Eventuell am nächsten Tag wieder hingehen.*

Die hängende Triebspitze richtet sich nach einiger Zeit wieder auf, denn die Wachstumsbewegung der Spross-Spitze ist dem Erdmittelpunkt entgegengesetzt ausgerichtet. Daher wächst die nach innen gekrümmte Seite stärker als die infolge des Schlages verlängerte Stängelseite.

## Ergänzungen und weiterführende Versuche

Ein einfaches Modell für den oben beschriebenen Versuch kann man sich aus einem (Bambus-)Stock und Knete herstellen. Der Stock kann mit dem ausgehärteten, unteren Abschnitt des Stängels verglichen werden. Auf das obere Ende des Stockes wird eine annähernd gleich dicke, etwa 10 cm lange Wurst aus Knetmasse gedrückt. Sie ist weich und bei Druck verformbar. Schlägt man nun gegen den festen Stock, neigt sich die Knetmassewurst in Richtung des Schlages.

## Schon gewusst?

Das Verbiegen des weichen Stängels wird durch einen mechanischen Schlag ausgelöst, es handelt sich um eine schwache Verletzung. Blüten, Blätter oder Stängel mancher Arten können aber auch auf verschiedene Reize hin ausgerichtet werden, sodass die Pflanze einen Vorteil davon hat. Da beispielsweise beim Fingerhut die Blütenstiele sich zur Erde hin orientieren, sind alle Blüten hängend und nach unten gerichtet. Dies könnte im Zusammenhang mit der Bestäubungsbiologie stehen. Hummeln, die wichtigsten Bestäuber des Fingerhuts, suchen den Blütenstand von unten nach oben nach Nahrung ab. Da ist es von Vorteil, wenn die Blüten hängen, da dann die Hummeln besonders leicht in die Blüten hineinkriechen können. Ein weiterer Vorteil könnte auch einfach der Schutz der Befruchtungsorgane in den meist großen glockenförmigen Blüten z.B. vor Regen sein.

In den deutschen Pflanzensagen von 1864 werden das Krümmen des Fingerhut-Stängels sowie die einseitswendige Ausrichtung der Blüten ganz anders gedeutet:

„Der Fingerhut ... war bei den Elfen sehr beliebt, sie trugen die Blüthen, welche ... Elfenhandschuhe heißen, anstatt der Hüte. Die Blumen stehen überhaupt mit der Geisterwelt in Verbindung und sollen jedes vorüberkommende, oberirdische Wesen grüßen, so daß sich dann der ganze Stengel beugt. Der Landmann kümmert sich aber wenig um den Fingerhut, der ihm nur als Giftkraut bekannt ist."

## Wo gibt's die Zutaten?

Viele der genannten Pflanzen wachsen im Garten oder Park. Berufkraut, Natternkopf und Königskerze findet man häufig auch an trockenen Straßenrändern oder auf Schuttplätzen. Fingerhüte sind typische Besiedler von Waldlichtungen und Kahlschlägen.

## Literatur

Molisch: *Botanische Versuche und Beobachtungen* • Nultsch, Grahle: *Mikroskopisch-botanisches Praktikum* • Perger: *Deutsche Pflanzensagen* Sitte et al.: *Lehrbuch der Botanik*

# Knallende Bambussprosse

## Benötigtes Material

Möglichst dicke, am besten armstarke Bambusstangen von *Dendrocalamus giganteus*, *Bambusa* oder anderen Bambus-Arten; feuerfeste Unterlage oder Steinboden; Grillkohle; Zeitungspapier.

Falls die Bambusstangen schon getrocknet sind, muss darauf geachtet werden, dass sie nicht eingerissen sind, denn die Abschnitte zwischen den Querwänden müssen geschlossene Kammern bilden.

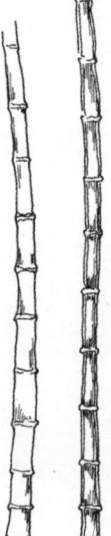

## Bambusrohre im Feuer

Bambus ist ein Süßgras, sein Stängel ist ähnlich wie ein Getreidehalm aufgebaut. Er ist innen hohl, die feste Wand ist im Vergleich zum gesamten Querschnitt relativ dünn. Grashalme sowie Bambusstängel sind durch quer verlaufende Gewebebereiche (Knoten) in abgeschlossene Kammern gegliedert.

Aus einem unverletzten Bambusrohr werden mehrere Zwischenknoten-Stücke herausgeschnitten. Es ist darauf zu achten, dass jedes Teilstück an beiden Enden durch Querwände verschlossen ist. Die Stücke des Bambusrohres werden in ein Feuer oder heiße Glut gelegt. Geeignet ist glühende Grillkohle, gegebenenfalls zusammen mit Zeitungspapier. Nach kurzer Zeit werden die Bambusstücke heiß und beginnen zu qualmen. Im Idealfall explodieren sie kurze Zeit später mit lautem Knall, sie sind danach längs gespalten und verbrennen. Gelingt dieses mit mehreren, gleichzeitig in das Feuer gelegten Bambusrohr-Stücken, dann klingt das Zerbersten ähnlich wie »bam–bu«. Die

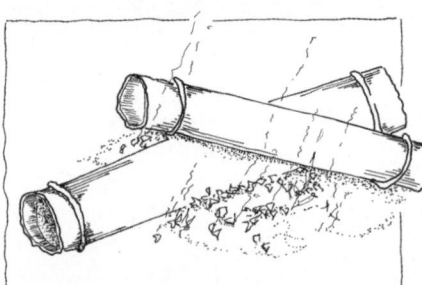

lautmalerische englische Bezeichnung »bamboo« für Bambus ist also nichts anderes als eine Umschreibung des beim Verbrennen des Bambus entstehenden Geräusches.

*Alter: alle Altersstufen; ganzjährig, draußen; Dauer: 30 Min.*
*Hilfe eines Erwachsenen erforderlich!*

## Warum knallen Bambusrohre so laut?

Wird ein Bambushalm in ein Feuer gelegt, verbrennt die feste Außenwand nicht sofort. Durch die Hitze dehnt sich die Luft im Inneren des Rohres aus. Sie kann zunächst jedoch nicht entweichen, da die Internodien durch die Querwände verschlossen sind. Wird der Druck zu groß, platzen die einzelnen Kammern des Halmes. Je dicker das zu verbrennende Bambusrohr, desto stabiler ist die Außenwand und desto größer ist der innere Hohlraum; so kann sich bei dickeren Halmen ein größeres Gasvolumen im Inneren sammeln. Außerdem muss das Gas bei einer festeren Wand einen höheren Druck ausüben, um den Widerstand der Außenwand zu brechen. Folglich ist das Verbrennen und Explodieren eines dickeren Rohres mit einem lauteren Knall verbunden. Größeren Trommeln kann man ja auch lautere Töne entlocken als kleineren.

Bereits MARCO POLO wusste in seinen Reiseberichten („Die Wunder der Welt") über den Bambus zu schreiben. Manch ein Kaufmann, der in früheren Zeiten China bereiste, wärmte sich abends vielleicht an einem Bambus-Lagerfeuer und erlebte dabei seine Überraschung beim Verbrennen der Bambussprossen:

„Wenn Kaufleute und andere Reisende bei Nacht durch die Gegend kommen, brechen sie Bambus und zünden ihn an. Das Krachen und Knistern der brennenden Rohre jagt den Löwen und Bären, überhaupt allen Wildtieren, solchen Schrecken ein, dass auch nicht die schönste Beute sie in Feuernähe locken würde. Das Volk entfacht Bambusfeuer zum Schutze des Viehs, denn Raubtiere sind im ganzen Land heimisch. Vernehmt jetzt – das lässt sich nämlich so schön erzählen –, wie sich das Knallen der Rohre von weit her anhört, wie es Angst einflößt und was die Folge davon ist. Man bricht den Bambus, wenn er noch ganz grün ist, und legt ihn auf ein großes Holzfeuer. Nach einer gewissen Zeit krümmen sich die Rohre in der Hitze und spalten sich mittendurch, und das knallt dermaßen, dass man es nachts zehn Meilen weit wahrnimmt. Ihr könnt euch denken, wer an den Knall nicht gewöhnt ist, erschrickt zu Tode, so grässlich ist er. Und Pferde, die zum ersten Mal den Krach hören, geraten außer sich, sie zerreißen die Halfter und alle Seile, womit sie angebunden sind, und entfliehen. Und das ist schon oft geschehen. Daher, wenn die Reisenden Pferde bei sich haben, von denen sie wissen, dass sie das Knallfeuer noch nie erlebt haben, verbinden sie ihnen die Augen und verschnüren ihnen alle vier Beine, damit sie beim Einsetzen des Krachens nicht davon galoppieren."

## Ergänzungen und weiterführende Versuche

Die Gliederung der Grashalme in Knoten und Internodien ist so typisch, dass man anhand dieses Merkmals andere grasähnliche Pflanzen von den Gräsern leicht unterscheiden kann. Bei den grasähnlichen Seggen, auch Sauergräser genannt, sind die Stängel dreikantig, markig und ohne Knoten. Auch Binsen wirken bisweilen wie Gräser, ihre Stängel sind jedoch rund und ungegliedert. Gräser, Binsen und Seggen können in etwa 20 cm lange Halmstücke geschnitten und auf ein Holzbrettchen geklebt werden. Fährt man nun mit der Fingerspitze über die beklebte Fläche, kann der Unterschied im Stängelbau leicht ertastet werden und prägt sich sicherlich gut ein. Mit weiteren Stängeln könnten Längsschnitte durchgeführt werden, die den inneren Aufbau zeigen.

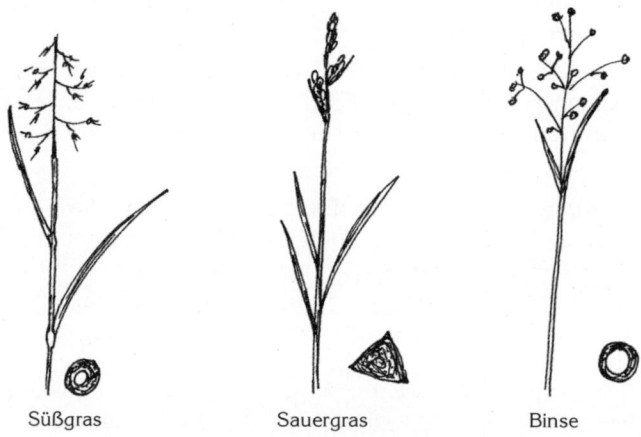

Süßgras       Sauergras       Binse

Stängel verschiedener Gräser;
unten rechts jeweils der Querschnitt

## Schon gewusst?

Die Gliederung der Grashalme in Knoten und Internodien dient der Stabilität. Oberhalb der Knoten befindet sich ein Bildungsgewebe, das immer wieder neue Zellen produziert. Dies ist besonders bei dünneren Gras- oder Getreidehalmen von Vorteil. Denn wenn ein Halm durch Regen, Sturm oder Trittschaden umgeworfen ist, kann sich der Halm durch vermehrte Zellteilung im Knoten wieder aufrichten. Den Knoten haben wir es auch zu verdanken, dass ein Rasen häufig gemäht werden muss und danach das Gras schnell wieder wächst.

Die Gliederung in Knoten und Internodien lässt sich bereits an ganz jungen Bambussprossen erkennen. Besonders in asiatischen Lebensmittelgeschäften kann man in Dosen konservierte Bambussprosse kaufen. Werden die kegelförmigen, jungen Spitzen der Länge nach mittig in zwei Hälften geteilt, ist eine leiterförmige Struktur zu erkennen. Die Internodien sind erst wenige Millimeter lang und breit. Verzehrt man diese zarten, stärkehaltigen Spross-Spitzen, denkt man kaum daran, wie hart einmal die ausgewachsenen Bambushalme werden können. In den jungen Spross wird zur Festigung auch Kieselsäure eingelagert.

## Wo gibt's die Zutaten?

Bambusstäbe sind in Gartencentern und Baumärkten erhältlich, allerdings sind dicke Stäbe nicht immer im Standardsortiment vorhanden und oft recht teuer. Der Riesenbambus (*Dendrocalamus giganteus*) wird in vielen botanischen Gärten kultiviert. Auf Anfrage bekommt man dort vielleicht einen langen, alten und festen Halm.

## Literatur

Brunken: *In der Welt des Bambus* • Franke: *Nutzpflanzenkunde*
Schumacher: *Nur Gräser?* • Steinecke, H.: *Korn – Brot, Getreide, Gräser*

# Eine stabile Bambusbrücke

## Benötigtes Material

Mehrere mindestens besenstieldicke, etwa 1,50 m lange Bambusstangen von *Dendrocalamus giganteus*, *Bambusa* oder anderen Bambus-Arten.

Entsprechend der Zahl der vorhandenen Bambusstangen sollten Erwachsene oder ältere Kinder als »Pfeiler« anwesend sein; pro Stab zwei Personen.

## Eine Brücke aus Menschen und Bambusstäben wird gebaut

Man kann aus Menschen und stabilen Bambusstäben leicht eine Brücke entstehen lassen, über die man später balancieren kann. Die Mitwirkenden stellen sich in zwei Reihen als Brückenpfeiler gegenüber auf. Die beiden sich gegenüber stehenden Personen halten dabei die Enden eines Bambusstabes fest in der Hand, fertig ist die Brücke! Wenn der Bambus nicht gerissen ist, hält er erstaunlich hohe Gewichtsbelastungen aus. Kinder und nicht zu schwere Erwachsene können nun über diese Brücke balancieren. Je länger die Brücke, desto größer ist der Spaß dabei. Die Brücke ist sicherer und stabiler, wenn sich die Personen, die die Bambusstäbe halten, hinhocken und sich die Nachbarn eventuell gegenseitig unterhaken. Man kann dann die Bambusstäbe gut auf den Oberschenkeln abstützen.

## Warum sind die Bambusstangen so stabil?

Bambus ist sehr stabil und wird in Südostasien häufig für den Bau von Häusern oder Baugerüsten verwendet. Er gehört zu den einkeimblättrigen

*Alter: 6–10 J.; ganzjährig, draußen; Dauer: 20 Min.*
*Hilfe eines Erwachsenen erforderlich!*

Pflanzen, deren Sprosse in der Regel nicht mit der Zeit in die Breite wachsen. Die Leitbündel sind beim Bambus gleichmäßig über den Spross, d.h. über die schmale Stängelwand, verteilt. Im Querschnitt sind die Leitbündel als kleine dunkle Punkte erkennbar. Da sie von Festigungsgewebe umgeben sind, tragen sie entscheidend zur Stabilität der Stängel bei. In Bambushalmen ist die Dichte der Leitbündel besonders im äußeren Bereich des Stängels sehr hoch, was bei hoher Elastizität eine besondere Stabilität erzeugt. Auch die Einlagerung von Kieselsäure sorgt für eine Festigung. Zusätzlich verleihen die Querwände an den

Knoten dem Halm Stabilität. Wichtig ist dabei, dass eine hohe Stabilität bei möglichst geringen Produktionskosten, sprich einzusetzendem Material, erreicht wird.

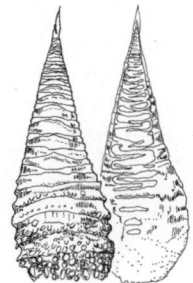

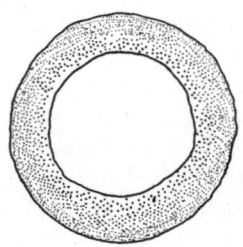

junge Bambus-Sprossen

## Ergänzungen und weiterführende Versuche

Ähnlich stabile Konstruktionen wie bei Bambus sind in der Technik realisiert (z.B. T-Träger). Die Bionik beschäftigt sich damit, biologische Strukturen nachzuahmen, um sie für fortschrittliche Entwicklungen v.a. im Bereich der Konstruktions- und Materialtechnik einzusetzen. Den Vergleich mit Holz, Ziegel und Beton besteht das Riesengras im Drucktest glänzend. Baustahl hat eine Reißfestigkeit von 40 Kilopond pro mm$^2$, Bambus hält genauso viel aus.

Breiten-Längen-Verhältnisse von ausgewachsenen Bambushalmen (oder einfacher von Roggen- oder Weizenhalmen, denn Getreidearten sowie Bambus sind Gräser und haben einen ähnlichen Aufbau) und Schornsteinen werden abgeschätzt und miteinander verglichen. Ein Getreide- oder Bambushalm ist, bezogen auf seine Breite und Höhe, viel stabiler als ein Schornstein.

## Schon gewusst?

Manche Bambusarten beeindrucken nicht nur durch ihre Größe und die Stabilität ihrer Halme, sondern auch durch ihr schnelles Wachstum. Der noch gestauchte, junge Spross schiebt sich beim Wachstum unter Wasseraufnahme teleskopartig in die Höhe. Es können unter günstigen Bedingungen beim Riesenbambus (*Dendrocalamus giganteus*) Zuwachsraten von 50 cm pro Tag erfolgen. Bambus kann über einen gewissen Zeitraum hinweg eine Streckungsgeschwindigkeit von 0,8 mm/min aufweisen. Damit ist Bambus allerdings nicht der Rekordhalter im Streckungswachstum von pflanzlichen Geweben, denn innerhalb eines kurzen Zeitraumes von etwa 10 Minuten können sich die Staubfäden der Roggenblüte in der Aufblühphase um 2,5 mm/min verlängern.

Ein Laubbaum vergrößert seine Biomasse jährlich um durchschnittlich 2–3 %. Bambus bringt es auf 30 %, da sich nicht nur Zweige und Laub an den vorjährigen Schäften verdichten, sondern in jeder Vegetationsperiode neue Halme aus dem Wurzelgeflecht schießen. Rund 20 Millionen Tonnen Bambus werden jährlich geerntet. Über zwei Milliarden Menschen weltweit, mehr als ein Drittel der Menschheit, verdienen sich ihren Lebensunterhalt durch das Erzeugen, Verarbeiten und Vermarkten von Bambus. China, Indien und Burma, die produktivsten Länder, verfügen zusammen über knapp 20 Millionen Hektar bambusbestandener Fläche.

## Wo gibt's die Zutaten?

Dickere Bambusrohre kann man in Gartencentern und Baumärkten kaufen. Bambusrohre, die deutlich dicker als ein Besenstil sind, sind häufig allerdings ziemlich teuer. *Dendrocalamus giganteus* wird in vielen botanischen Gärten kultiviert. Auf Anfrage bekommt man möglicherweise einen langen, dicken Halm.

## Literatur

Brunken: *In der Welt des Bambus* • Nachtigall, Blüchel: *Das große Buch der Bionik* • Paturi: *Geniale Ingenieure der Natur* • Steinecke, H.: *Korn – Brot, Getreide, Gräser* • Willis: *Der Delphin im Schiffsbug. Wie die Natur die Technik inspiriert*

# Die Zaunrübe wickelt ihre Ranken auf

## Benötigtes Material

Zaunrübenpflanze (*Bryonia dioica*) mit frei ausgestreckten Ranken; Nadel oder Grashalm.

Vorsicht, die Zaunrübe ist eine giftige Pflanze. Die im Herbst reifen roten Beeren sollten nicht in die Hand genommen werden, zudem sollte man einen Kontakt mit dem Pflanzensaft vermeiden.

## Die Ranken rollen sich spiralförmig auf

Die Zaunrübe klettert mithilfe ihrer Ranken an Heckenpflanzen oder Zäunen empor. Die Ranken drehen sich dabei spiralförmig, um ihnen, ähnlich wie ein Kabel an einem Telefonhörer, eine gewisse Elastizität zu verleihen. Können sie keine Stütze zum Umwickeln finden, sind sie mehr oder weniger gerade ausgestreckt, um sich bei der nächstmöglichen Berührung zu verankern. Streicht man nun mehrmals mit einer Nadel oder einem Grashalm über die Rankenspitze (egal, ob auf der Ober- oder Unterseite) oder klopft mit dem Finger darauf, kann man zusehen, wie sie sich nach unten krümmt und dann aufrollt. Innerhalb von 5 Minuten kann die Rankenspitze etwa zwei Umdrehungen bilden.

*Alter: 6–16 J.; Sommer, draußen; Dauer: 10 Min.*
*Hilfe eines Erwachsenen erforderlich!*

## Warum ist die Bewegung so schnell?

Die Ranke benötigt einen Bewegungsreiz, um sich aufzurollen. Im freien Raum werden kreisende Suchbewegungen durchgeführt. Sobald die Ranke einen Ast oder ein Gitter berührt hat, umgreift sie die Stütze, um daran Halt zu suchen. Es ist denkbar, dass die Ranke nur kurzfristig durch Wind in die Nähe eines Zweiges gelangt. Eine möglichst schnelle Verankerung ist deshalb sehr sinnvoll. Nach dem Berührungsreiz kommt es zu einer einseitigen Streckung des Rankengewebes auf der Oberseite, wodurch sich die Ranke nach unten aufwickelt. Hat sich die Rankenspitze verankert, rollt sich auch der freie Rankenteil auf und sorgt für eine elastische Befestigung der Pflanze. In dem Bereich der Ranke, der die Stütze umklammert, wird zur Erhöhung der Stabilität Festigungsgewebe eingelagert. Es ist beachtenswert, dass sich die Ranken bei Berührung sowohl ihrer Ober- als auch ihrer Unterseite immer zur Unterseite hin krümmen. Während »erfolglose« Ranken nur in eine Richtung eingerollt sind, haben verankerte Ranken gegenläufige Windungen und Umkehrpunkte. Nicht bei allen rankenden Arten ist die Bewegung so schnell.

## Ergänzungen und weiterführende Versuche

Pflanzen können mithilfe verschiedener Organe ranken oder sich an anderen Pflanzen festklammern. Bei der Bohne windet sich die Sprossachse um eine Stütze, während bei der Erbse der oberste Teil des Fiederblattes zu einer Ranke umgewandelt ist. Efeu kann sich an Bäumen oder Mauern halten, da am Spross zahlreiche Wurzeln gebildet werden, die als Verankerungsorgane dienen.

Bohnen wickeln sich bei gutem Wachstum schnell um Stützen (die Bohnenstangen). Bohnen sollten ausgesät und die Zahl der pro Tag oder pro Woche gebildeten Windungen notiert werden. Daraus kann sich bei längerer Beobachtungsmöglichkeit ein kleines Wettrennen entwickeln, wessen Bohne am schnellsten wächst und die meisten Umdrehungen bildet.

Bewegungen von Blättern können z.B. durch Kälte bzw. Dunkelheit bei Sauerklee (*Oxalis acetosella*) und durch Berührung bei der Mimose (*Mimosa pudica*) ausgelöst werden. Beim Sauerklee klappen die drei Blättchen eines Fiederblattes zusammen und bei der Mimose legen sich die Fiedern der Mittelachse des Fiederblattes dicht an.

## Schon gewusst?

Die Zaunrübe entwickelt eine rübenartig verdickte Wurzel, mit der sie tief im Boden wächst. Man muss deshalb lange graben, wenn man die Giftpflanze aus einer Gartenhecke entfernen will. Vorsicht ist bei Kontakt mit dem Saft der Pflanze geboten, denn er ist hautreizend. Auch vor dem Verzehr von Beeren ist zu warnen; bereits 15 Beeren sollen für Kinder tödlich sein. Die Zaunrübe wächst im Sommer sehr schnell. Darauf bezieht sich wohl auch der Name *Bryonia*, der vom griechischen Wort *bryo* abgeleitet ist, was soviel wie sprossen, wachsen, klettern bedeutet. Schon PLINIUS benutzte diesen Ausdruck für verschiedene Kletterpflanzen. Die Rote (*Bryonia dioica*) und die Weiße Zaunrübe (*Bryonia alba*) sind alte Arzneipflanzen. Der Saft aus der Wurzel wurde gegen verschiedene Beschwerden verwendet, u.a. als Abführmittel und bei Epilepsie. Der Saft soll angeblich auch bei Tumoren helfen. Die verzweigten Wurzeln wurden als Fälschungen der Zauberpflanze Alraune ausgegeben.

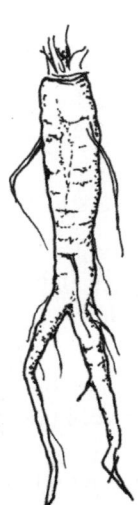

## Wo gibt's die Zutaten?

Die zweihäusige Rote Zaunrübe ist im Westen Deutschlands eine häufige Art in Hecken, an Waldrändern oder an Zäunen wärmerer Lagen. Im Norden und Osten wächst die ähnliche Weiße Zaunrübe (*Bryonia alba*).

## Literatur

Baer: *Biologische Versuche* • Molisch: *Botanische Versuche und Beobachtungen* • Scherf: *Zauberpflanzen, Hexenkräuter* • Schubert: *Zaunrübe und Spritzgurke* • Sitte et al.: *Lehrbuch der Botanik* • Steinecke, Schubert, Pohl-Apel: *Druidenfuß und Hexensessel*

# »Tote« Pflanzen zum Leben erwecken

### Benötigtes Material

Falsche Rose von Jericho (*Selaginella lepidophylla*); flache Schale mit Wasser.

## Die eingetrocknete Rose von Jericho wird aufgeweicht

Eine Rose von Jericho, die tot und verdorrt aussieht, wird mit der Basis nach unten in eine Schüssel mit Wasser gelegt. Wenn es schnell gehen soll, kann heißes, nicht kochendes Wasser verwendet werden.

Bei der Benutzung von heißem Wasser kann man binnen einer Viertelstunde beobachten, wie sich die Sprosse entrollen und grüner werden. Die zuvor kugelig zusammengerollte scheinbar tote Pflanze verwandelt sich in ein grünes, lebendig aussehendes Gewächs! Mit kaltem Wasser dauert die Öffnung manchmal bis zu mehreren Stunden.

Nach dem vollständigen Entfalten wird der Rose von Jericho kein Wasser mehr gegeben. Die grüne Rosette rollt sich daraufhin allmählich wieder zusammen und nimmt eine graubraune Farbe an. Die Pflanze erscheint vertrocknet. In diesem Zustand kann sie solange überdauern, bis sie wieder Wasser bekommt – auch wenn das einige Jahre dauern sollte. Der Vorgang lässt sich mehrfach wiederholen.

*Alter: alle Altersstufen; ganzjährig, im Haus; Dauer: 1 Tag*

# Wie kommt es zur Auferstehung?

*Selaginella lepidophylla* kommt auf trockenen Standorten in Texas, Mexiko und Zentralamerika vor. Sie ist also in der Neuen Welt, nicht aber im Heiligen Land beheimatet. Sie sollte deshalb als Falsche Rose von Jericho bezeichnet werden und ist nicht näher verwandt mit der Echten Rose von Jericho (*Anastatica hierochuntica*), die tatsächlich in den Wüsten des Nahen Ostens zu finden ist.

Als Anpassung an das Leben in Regionen mit langen Trockenperioden kann das mit den Farnpflanzen verwandte Bärlappgewächs *Selaginella lepidophylla* scheinbar vertrocknet und tot Dürrezeiten – auch über Jahre – überdauern. Am Grunde der Blattoberseite befindet sich eine kleine chlorophyllfreie Schuppe (Ligula). Sie ist das Organ der Wasseraufnahme, um rasch Niederschläge aufzusaugen. Die Zellen der Blattunterseite können nicht in gleichem Maße Wasser aufnehmen wie diejenigen der Oberseite, sodass es zur hygroskopischen Bewegung des Aufrollens (bei Wasseraufnahme) und Zusammenrollens (bei Trockenheit) kommt.

Da hygroskopische Bewegungen rein physikalische Prozesse der Quellung und Schrumpfung sind, ist das Öffnen und Zusammenrollen auch noch an der toten Pflanze möglich.

## Ergänzungen und weiterführende Versuche

Bei vielen Pflanzen ist Wasseraufnahme durch Quellung möglich. Auf trockenen Mauern siedeln häufig verschiedene polsterförmige Moose. An den Spitzen ihrer Blättchen bilden einige von ihnen so genannte Glashaare, die im trockenen Zustand lufterfüllt sind und deshalb silbrig weiß wirken. Wird das Moospolster feucht, saugen die Haare sehr schnell das Wasser auf, die Haare ergrünen.

Öffnungs- und Schließbewegungen in Abhängigkeit von Wasser können auch sehr leicht an trockenen Köpfchen der Strohblume (*Helichrysum bracteatum*) demonstriert werden. Im trockenen Zustand sind sie weit geöffnet, bei Anwesenheit von Wasser schließen sie sich.

Ein schönes Modell kann man sich selbst basteln. Ein Stern oder eine Blüte wird aus Papier ausgeschnitten, die Spitzen werden nach innen geklappt. Legt man diesen Stern oder diese Blüte in Wasser, quillt das Papier auf und die nach innen geklappten Zacken öffnen sich innerhalb weniger Minuten.

## Schon gewusst?

Die eigentliche Rose von Jericho ist ein einjähriger Kreuzblütler (*Anastatica hierochuntica*). Die Pflanze wächst in den Wüsten Nordafrikas, in der Judäischen Wüste, im Negev und rund ums Tote Meer. Auch sie zeigt bei Trockenheit hygroskopische Bewegungen: Die getrocknete ganze Pflanze rollt sich ein und umschließt die an den feinen Verzweigungen sitzenden reifen Früchte. Somit wird die Ausbreitung der Samen zu einer zur Keimung ungünstigen Zeit vermieden. Erst wenn wieder Regen fällt, öffnet sich die Pflanze und setzt ihre Früchte mitsamt den Samen frei.

Das Phänomen der durch Wasserkontakt wieder zum Leben erwachenden Pflanze fasziniert die Menschheit, insbesondere in christlichen Kulturen, seit Jahrhunderten. Lange blieben die Vorgänge an diesen Mirakelpflanzen unbekannt. Seit dem Mittelalter galten die Rosen von Jericho als Symbol der Auferstehung Christi. Man glaubte, die Rose von Jericho könne nur in der Weihnachtsnacht durch Wasser wieder zum Leben erweckt werden. Pilger brachten sie aus dem Heiligen Land mit nach Europa, wo sie als heilige Pflanze verehrt wurde.

Andere Legenden besagen, die Rosen seien auf den Fußspuren der Mutter Gottes gewachsen, als diese in der Dunkelheit den Berg Golgatha hinauflief.

Schon zu frühen Zeiten wurde die Echte Rose von Jericho als geburtsförderndes Mittel angewandt. Das Öffnen der Zweige und die Freisetzung des Samens wurden mit dem Geburtsvorgang in Verbindung gebracht. Die Gebärenden bekamen die Jerichorose in Brot eingebacken zu essen oder tranken das Wasser, in dem die Rose gequollen war. Pilger brachten dieses medizinische Wissen nach Europa, woraufhin die Rose von Jericho auch in deutschen Apotheken angeboten wurde.

## Wo gibt's die Zutaten?

*Selaginella lepidophylla* wird häufig auf Weihnachtsmärkten unter dem Namen Rose von Jericho angeboten; man kann sie auch über den Blumenhandel bekommen.

## Literatur

Brunken: *Zur »Rose von Jericho«* • Molisch: *Botanische Versuche und Beobachtungen* • Sitte et al.: *Lehrbuch der Botanik*

# Adern aus Blättern ziehen

## Benötigtes Material

Blätter, deren Adern deutlich auf dem Blatt erkennbar und nicht stark verzweigt sind, so z.B. Blätter von Wegerich (*Plantago major*, *P. media*, *P. lanceolata*) und Hartriegel (*Cornus sanguinea*, *C. florida*, *C. kousa*, *C. nutallii*, *C. controversa*, nicht aber Kornelkirsche, *C. mas*).

## Das Blatt wird auseinander gezogen

Der Stiel des Wegerichblattes wird langsam und vorsichtig abgerissen. Dabei werden die Leitbündel als grüne fadenförmige Stränge sichtbar. Zieht man nicht zu fest, bleiben Blatt und Stiel miteinander verbunden. Das Freilegen der Leitbündel funktioniert auch im unteren Drittel des Blattes.

Wenn man den Versuch mit Hartriegel-Blättern macht, muss man etwas vorsichtiger sein. Das Hartriegel-Blatt wird behutsam quer zu den Blattadern zerrissen. Am besten setzt man an jeder großen Ader einzeln einen Finger an und zieht dann vorsichtig. Es werden zarte weiße Fäden sichtbar, die an Spinnweben erinnern. Sie sind so stabil, dass die beiden Teile des Blattes durch sie miteinander verbunden bleiben.

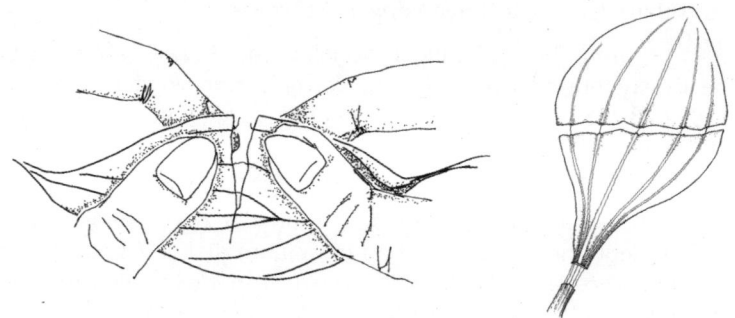

## Welche Bedeutung haben diese Fäden für die Pflanzen?

Die Blätter sind von einem Adernetz durchzogen. Dieses wird von den Leitbündeln, den röhrenförmigen Transportbahnen der Pflanzen, gebildet. Gerade die Wasserleitungsbahnen im Leitbündel sind oft hohem Unterdruck ausgesetzt und dürfen auf keinen Fall kollabieren, da sonst der

*Alter: 6–10 J.; Sommer und Herbst, im Haus und draußen; Dauer: 15 Min.*

lebenswichtige Wasserstrom versiegen würde. Deshalb sind die aus toten Zellen bestehenden Leitungsbahnen im Holzteil der Leitbündel verstärkt und durch Einlagerung von Holzstoff in die Zellwand stabilisiert. Diese Verdickungen legen sich häufig spiralförmig um das Wasserleitungsgefäß an. Wenn man nun die Blätter zerreißt, zieht man entweder die kompletten Leitbündel samt umgebendem Festigungsgewebe wie beim Wegerich aus dem Blatt heraus oder nur die spiralförmigen Verdickungen (Hartriegel). Beim letztgenannten Beispiel zerreißt das Leitbündel selbst nicht, sondern die schraubigen Verdickungen werden wie ein Kabel am Telefonhörer auseinander gezogen.

## Ergänzungen und weiterführende Versuche

In einigen botanischen Gärten und Parks wird der aus China stammende Chinesische Guttaperchabaum (*Eucommia ulmoides*) angepflanzt. Zieht man hier die Blätter vorsichtig auseinander, werden die beiden Blatthälften durch ganz feine, kaum sichtbare Fäden relativ stabil zusammengehalten. Hält man das zerrissene Blatt gegen den hellen Himmel, sind die Fäden, weil sie so zart sind, nicht mehr zu erkennen. Manch einer wird sehr erstaunt sein, warum die beiden Hälften dennoch nicht auseinander fallen. Die feinen Fäden bestehen aus Latex, der sich in Blättern und Rinde befindet. Der eingedickte Milchsaft kann zur Isolierung von Kabeln sowie für Füllungen von Zähnen verwendet werden.

Bei der in unseren Gärten häufigen Vogelmiere (*Stellaria media*) ist eine ähnliche Erscheinung zu beobachten. Zerreißt man vorsichtig den Stängel, so bleiben die beiden Hälften der Pflanze durch einen grünen »Innenfaden« verbunden.

Aderungen von Blättern sowie Blattformen kann man auch sehr schön sichtbar machen, indem man ein Stück Papier über ein Blatt legt und dann vorsichtig mit einem dicken Buntstift darüber malt. Verschiedene Aderungstypen (parellelnervig; netznervig) können so verglichen werden. Außerdem kann man durch das Abmalen von Blättern mit verschiedensten Formen auf diese Weise leicht kleine Kunstwerke schaffen.

Nicht nur Laubblätter, auch Blütenblätter müssen mit Wasser und Nährstoffen versorgt werden und sind deshalb von Adern durchzogen. Das oft sehr filigrane Adernetz in Blüten kann leicht sichtbar gemacht werden. Eine Blume mit heller oder besser noch weißer Blüte wird in ein Glas Wasser gestellt, das mit Tinte gefärbt wurde. Verwendet man eine weißblütige Tulpe, zeigen sich erste Farbspuren bereits nach etwa einer Stunde in den Blütenblättern. Wird der Blütenstängel gespalten und jede Hälfte in ein eigenes Glas mit unterschiedlich gefärbtem Wasser gestellt, dann färben sich entsprechend der Leitbündelversorgung die beiden Blütenhälften unterschiedlich.

## Schon gewusst?

Unter Kindern war es früher ein beliebtes Spiel, Wegerichblätter auseinander zu ziehen und sich dabei zu fragen, wie viele Kinder man später haben würde. Die Zahl der nicht gerissenen, aus dem Blatt herausgezogenen Adern gab dann angeblich die richtige Antwort.

Da die Zellwände der Gefäße in den Leitbündeln aufgrund ihrer Verholzung fester sind als diejenigen der Zellen im übrigen Blattgewebe, bleiben die Blattadern in verwitternden Blättern am längsten erhalten. Besonders schöne Adernetze ergeben skelettierte Blätter von Erlen oder Pappeln, die man in der Nähe von Bächen finden kann. Wenn man sie presst oder bügelt, können sie zum Verzieren von Briefkarten dienen. Die im Handel zur Körpermassage erhältliche Schwammgurke (*Luffa aegyptiaca*) ist nichts anderes als das Aderskelett der Frucht. Die Fruchtwand ist abgefault.

## Wo gibt's die Zutaten?

Wegerich findet man auf fast jeder Wiese oder vielen Rasenstücken. Gerade der Breitwegerich wächst häufig in Pflasterritzen. Hartriegel-Arten sind beliebte Zierpflanzen. Der Blutrote Hartriegel wird häufig in Hecken und auch als Straßenbepflanzung verwendet.

## Literatur

Baker, Haslam: *Wir spielen und experimentieren* • Düll, Kutzelnigg: *Taschenlexikon der Pflanzen Deutschlands* • Krüssmann: *Handbuch der Laubgehölze* • Mabberley: *The plant book*

# Wie kann man Seerosenblätter zum Blubbern bringen?

## Benötigtes Material

Frisch abgeschnittene, voll entwickelte Blätter verschiedener Seerosen-Arten (*Nymphaea*) mit langen Blattstielen; Wasserglas bzw. Schale; Luftpumpe.

### Das Blatt wird aufgepumpt

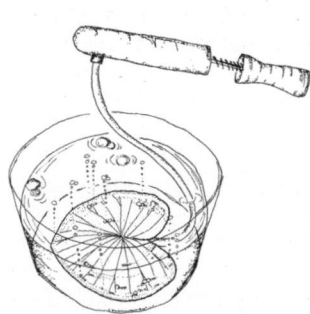

Es wird ein Blatt ausgewählt, dessen Stiel so dick ist, dass er gerade in die Ventilöffnung einer Fahrradpumpe passt. Wenn der Blattstiel in das Ventil geschoben ist (notfalls etwas festhalten), kann die flächige, rundliche Blattspreite entweder in eine große mit Wasser gefüllte Schüssel oder direkt in den Teich gehalten werden. Wenn man Luft in das Blatt pumpt, entwickeln sich auf der Oberseite viele kleine Luftbläschen.

## Warum ist das Seerosenblatt so luftdurchlässig?

Seerosen wachsen mit ihrem Wurzelstock im sauerstoffarmen Schlamm am Grund von Teichen und Seen. Eine Sauerstoffaufnahme ist für Pflanzen auf diesem Substrat nur sehr eingeschränkt möglich. Alle Teile der Pflanze müssen aber mit ausreichend Sauerstoff versorgt werden. Pflanzen solcher schlecht durchlüfteter Standorte müssen deshalb die Gasversorgung im Körper erhöhen, indem sie lockeres Durchlüftungsgewebe oder Hohlraumsysteme entwickeln. Luftgefüllte Organe verleihen der Pflanze zudem Auftrieb und damit eine gute Schwimm- bzw. Schwebefähigkeit. Die wabenartige Konstruktion und Anordnung der Luftkanäle verursacht außerdem eine hohe Festigkeit bei geringem Materialeinsatz. Dieses Prinzip wird auch in der Technik erfolgreich angewandt.

Der Blattstiel der Seerose ist für das Experiment besonders gut geeignet, da er mehrere, schon mit dem bloßen Auge gut erkennbare, röhrenförmige Hohlräume enthält, durch die man die Luft pumpen kann. Die Hohlräume setzen sich bis in die Blätter fort. Auf der Blattoberfläche befinden sich zahlreiche Spaltöffnungen (Stomata), über die der Gasaustausch der Pflanzen einwärts und auswärts gerichtet abläuft. Die Spaltöffnungen befinden sich nur auf der Oberseite, da der Gasaustausch bei Schwimmblättern nur nach oben erfolgt. Durch die Spaltöffnungen wird die Luft beim Aufpumpen nach außen gedrückt. Bei den meisten Landpflanzen befinden sich Spaltöffnungen in geringerer Zahl auf der vor Sonneneinstrahlung geschützten Blattunterseite.

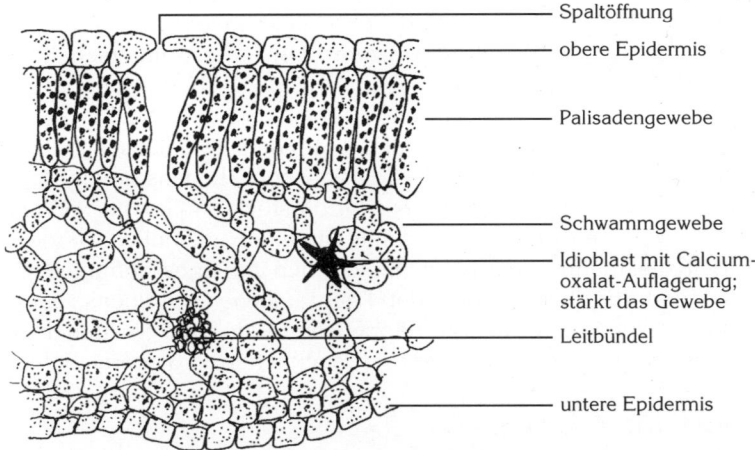

Spaltöffnung
obere Epidermis
Palisadengewebe
Schwammgewebe
Idioblast mit Calcium-oxalat-Auflagerung; stärkt das Gewebe
Leitbündel
untere Epidermis

Schematischer Querschnitt durch das Blatt einer Seerose

## Ergänzungen und weiterführende Versuche

Nach erfolgreicher Durchführung des oben beschriebenen Versuches kann man die Blattspreite abschneiden und mit der Pumpe Luft durch den Stiel blasen. Im Wasser werden dabei ähnlich wie mit einem Strohhalm große, sprudelnde Luftblasen erzeugt. Ebenso kann man durch gereinigte Stängelstücke von Schilfrohr (*Phragmites australis*) und Rohrkolben (*Typha latifolia*) in ein Glas Wasser pusten und Luftblasen erzeugen. Nach dem Schilfrohr wird der Standort dieser Pflanzen Röhricht genannt.

In einem weiteren Versuch wird die Oberfläche eines Seerosenblattes mit Nagellack oder wasserunlöslichem Kleber bestrichen. Nachdem auf diese Weise die Spaltöffnungen verklebt bzw. abgedichtet worden sind, kann man keine Luft mehr durch solcherart präparierte Blätter pusten. Es entstehen beim Aufpumpen keine Bläschen mehr. Anschließend kann man den Lack mit einer Pinzette vorsichtig abziehen und unter dem Mikroskop oder Stereomikroskop die Abdrücke der Spaltöffnungen betrachten.

## Schon gewusst?

An ähnlichen Standorten wie Seerosen wächst die in Indien beheimatete Lotosblume (*Nelumbo nucifera*). Früher wurde sie zu den Seerosengewächsen gezählt, sie gehört aber zu einer eigenen Familie (Nelumbonaceae, Lotosblumengewächse). Von der Seerose unterscheidet sich die Lotosblume u. a. durch die lang gestielten Blüten und runden Blätter. Die stärkereichen Wurzelstöcke der Lotosblume werden besonders in asiatischen Ländern gegessen, bei uns kann man sie in asiatischen Lebensmittelgeschäften kaufen. Wenn man die getrockneten Rhizomstücke aufkocht, nehmen sie deutlich an Volumen zu. Im Querschnitt enthalten sie ähnlich wie der Seerosen-Blattstiel mehrere runde Löcher, die sich im Längsschnitt als Röhren erweisen und zur Durchlüftung der Pflanze dienen. Übrigens, zum Abschluss des Experiments können Häppchen aus klein geschnittenen Lotos-Wurzelstöcken zusammen mit einer schmackhaften Soße gereicht werden.

## Wo gibt's die Zutaten?

Seerosen werden in vielen Gartenteichen oder auch in Gewässern öffentlicher Anlagen sowie in fast allen botanischen Gärten gehalten. Auf Anfrage gibt man bestimmt gerne ein paar Blätter ab.

Beachte: Die bei uns in Moorseen vorkommende Weiße Seerose (*Nymphaea alba*) steht unter Naturschutz und darf nicht gepflückt werden.

## Literatur

Molisch: *Botanische Versuche und Beobachtungen* • Nultsch, Grahle: *Mikroskopisch-botanisches Praktikum* • Sitte et al.: *Lehrbuch der Botanik* Slocum, Robinson: *Water Gardening*

# Immer porentief rein – ohne Seife oder Waschpulver

## Benötigtes Material

Blätter der Lotosblume (auch Lotusblume, *Nelumbo nucifera* und *N. aurea*); alternativ Blätter von Kohl (*Brassica oleracea*), Akelei (*Aquilegia vulgaris*), Taro-Pflanze (*Colocasia esculenta* – tropischer Aronstab) oder Kapuzinerkresse (*Tropaeolum*-Arten); Flüssigklebstoff – am besten rotfarbiger Klebstoff; Honig; Tinte; Schmutzpartikel (wasseranziehend: Lehmstaub, wasserabweisend: Graphit- oder Holzkohlepulver, Talkum, Farbreste aus Druckerpatronen); eine Sprühflasche für Zimmerpflanzen, mit Wasser gefüllt.

## Wasser und Kleber perlen vom Blatt ab

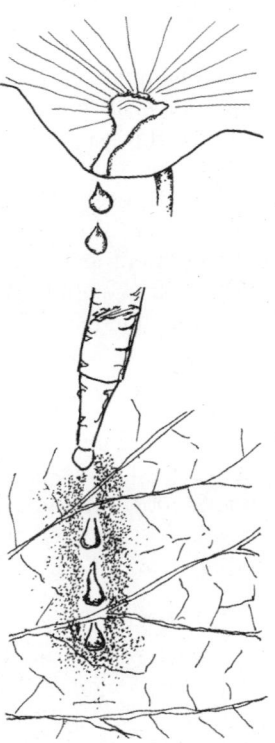

Für die Demonstrationsversuche eignen sich besonders junge und frische Blätter, da die Selbstreinigungsfähigkeit bei alten Blättern nachlässt. Im ersten Schritt wird ein Blatt vollständig in Wasser getaucht. An der Blattoberfläche zeigt sich ein Spiegeleffekt, der durch eine Totalreflexion an der Luft-Wasser-Grenze hervorgerufen wird. Beim Herausziehen des Blattes läuft das Wasser rückstandsfrei ab und die Oberfläche bleibt trocken. Werden Wasserspritzer (oder zur besseren Sichtbarkeit wasserlösliche Tinte) auf die Oberseite eines Lotosblattes aufgebracht, stellt man fest, dass sich das Wasser wie auf einer heißen Herdplatte sofort zu Tropfen formt und abläuft, ohne zu haften. Diese Versuche können wiederholt werden, nachdem man die Wachsoberfläche des Blattes mit einem Tuch abgerieben hat. Das Blatt wird nun von der Flüssigkeit benetzt.

Danach wird ein anderes Blatt gleichmäßig mit Schmutzpartikeln bestreut, die wasserliebend (hydrophil) sind. Das kann z. B. trockener Lehm-

*Alter: alle Altersstufen; Frühling, Sommer und Herbst, im Haus und draußen; Dauer: 20 Min.*
*Hilfe eines Erwachsenen erforderlich!*

staub oder Mehl sein. Wird das Blatt anschließend mit Wasser besprüht, beobachtet man, wie die Wassertropfen einzelne Schmutzpartikel aufnehmen und vom Blatt spülen. Da die Teilchen in den Tropfen aufgenommen werden, bilden sich kleine Lehmklumpen. Vereinzelte Schmutzreste können unter Umständen noch auf dem Blatt haften bleiben. Auch sie können entfernt werden, wenn man das Wasser aus geringerem Abstand auf die Oberfläche aufbringt.

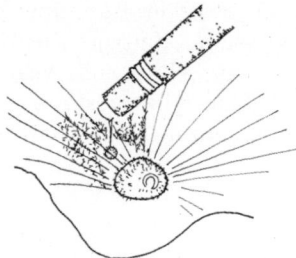

Erstaunlicherweise funktioniert dieser so genannte Lotos-Effekt auch mit wasserabweisenden (hydrophoben) Substanzen. Vorsichtig wird Klebstoff oder Honig auf das Blatt geträufelt. Beide Substanzen rollen ebenfalls tropfenförmig vom Blatt ab, ohne die Oberfläche zu benetzen.

Der Reinigungsversuch mit Lehmstaub kann auch mit hydrophoben Schmutzpartikeln wiederholt werden (Graphitpulver von Bleistiftminen, Talkum, Holzkohlestaub). Prinzipiell bekommt man ein ähnliches Ergebnis, nur werden die einzelnen Partikel nicht in den aufgebrachten Wassertropfen eingeschlossen, sondern bleiben an seiner Oberfläche haften und bilden keine Klumpen. Besonders eindrucksvoll wirken die vorangegangenen Experimente, wenn sie zum Vergleich an einem glatten Stück Fensterglas durchgeführt werden. Die Phänomene der Unbenetzbarkeit und Selbstreinigung sind dabei nicht zu beobachten.

## Was steckt hinter diesem Selbstreinigungsprinzip?

Pflanzen sind im Laufe ihres Lebens unterschiedlichen Verschmutzungen ausgesetzt. Dazu zählen vor allem Verunreinigungen der Luft wie verschiedene Stäube und Ruß. Ihre Blätter werden auch von Substanzen angegriffen, die biologischen Ursprungs sind: z.B. Pilzsporen, schädliche Absonderungen von Insekten (Honigtau) oder Algen.

Dagegen schützen sich Pflanzen mithilfe verschiedener Mechanismen. Manche bilden besonders harte Blätter aus oder produzieren chemische Abwehrstoffe. Pflanzen mit Lotos-Effekt bedecken ihre Blätter mit hydrophoben, also wasserabstoßenden, winzigen Wachskristallen, durch die die Blattoberflächen rau werden. Auf diesen rauen, unbenetzbaren Blättern ist nicht nur die Anhaftung (Adhäsion) von Wasser an die Oberfläche verringert, sondern auch die von Schmutz. Rollt ein Tropfen über die nur lose aufliegenden Schmutzpartikel hinweg, dann werden sie von Wasser benetzt und haften an der Tropfenoberfläche. Durch die sehr geringe Adhäsion an der Blattoberfläche werden die Partikel mitgerissen und vom Blatt entfernt.

Bei einer Verunreinigung der Blätter mit einem hydrophilen Schmutz (z. B. Lehm) werden die Partikel in den Wassertropfen aufgenommen und können nicht wieder herausgelangen. Wird eine hydrophobe Substanz verwendet, entfernt ein aufgesetzter Wassertropfen die Partikel ebenfalls vom Blatt, obwohl diese Partikel erwartungsgemäß eher an der hydrophoben Blattoberfläche haften sollten als am Wassertropfen. Dabei werden die Partikel jedoch nicht ins Innere des Tropfens aufgenommen, sondern bedecken die Oberfläche des Tropfens gleichmäßig. Das auch hydrophobe Partikel von einem Wassertropfen aufgenommen werden, liegt daran, dass diese Partikel nur auf den äußersten Spitzen der Wachskristalle aufliegen. Daher ist ihre Kontaktfläche mit der Blattoberfläche sehr gering und damit verbunden auch die gegenseitigen Anziehungskräfte. Hier sind die Anziehungskräfte zum Wassertropfen größer als zur Wachsschicht. Dadurch kann die Pflanze verhindern, dass sich ein schädigender Stoff auf der Oberfläche ihrer Blätter überhaupt erst festsetzt. Pilzsporen beispielsweise werden bei Regen abgewaschen, und falls es eine Zeitlang nicht regnet, fehlt ihnen das zur Keimung nötige Wasser, sodass sie keine schädigende Wirkung auf die Pflanzen ausüben können.

## Ergänzungen und weiterführende Versuche

Es kann die Zerstörung der Unbenetzbarkeit der Blätter durch Netzmittel (Tenside, z. B. Spülmittel) gezeigt werden. Die Unbenetzbarkeit von Blättern wird durch eine intakte Wachsschicht gewährleistet. Durch mechanische Zerstörung der Wachse (Abreiben mit einem Tuch) oder durch die chemische Veränderung der Wachskristalle mithilfe von Tensiden werden die Blätter benetzbar. Tenside sind Grundbestandteile von Seifen und Wasch- bzw. Spülmitteln. Ein handelsübliches Spülmittel wird ca. 0,1%ig mit Wasser verdünnt (die geeignete Verdünnung sollte man zuvor testen). Kleine Tropfen der Lösung werden an verschiedenen Stellen eines Versuchsblattes aufgetragen. Nach dem Trocknen besprüht man das Blatt wieder mit Wasser. An den mit der Tensidlösung behandelten Stellen sollte das Wasser nun haften bleiben, an den unbehandelten Bereichen läuft es wie zuvor gezeigt ab.

## Schon gewusst?

Schon GOETHE hat beobachtet, dass die Oberflächen bestimmter Pflanzen kaum verschmutzen, aber erst die Arbeitsgruppe des Bonner Biologen WILHELM BARTHLOTT hat vor wenigen Jahren entdeckt, dass dieses Phänomen immer mit einem wasserabstoßenden Mikrorelief aus Wachs auf diesen Oberflächen verbunden ist. Den Bonner Wissenschaftlern gelang die Übertragung dieser Eigenschaft auf technische Oberflächen, sodass sich viele Materialien durch Regen selbst reinigen können. Sie nannten diese Eigenschaft den »Lotos-Effekt«, da sie ihn zuerst an der Lotospflanze untersuchten. Er ist nicht nur bei Pflanzen zu beobachten, sondern auch an Tieren (Libellen- und Schmetterlingsflügeln). Mittlerweile sind schon einige Produkte mit Lotos-Effekt erhältlich: Fassadenfarbe, Dachziegel, Autolacke, Textilien und Fenster.

Dies hat interessante positive ökologische Folgen: Durch das Einsparen von Schmutz lösenden Substanzen aus Waschmitteln (Detergentien) kann die Belastung von Boden und Grundwasser deutlich herabgesetzt werden.

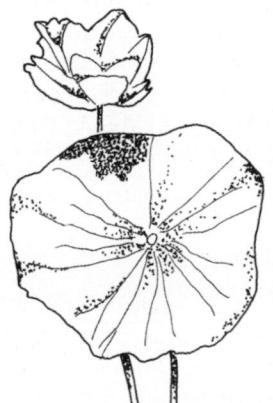

## Wo gibt's die Zutaten?

Lotosblumen (*Nelumbo nucifera* und *N. aurea*) sind Wasserpflanzen, die als subtropisch gelten, ursprünglich aber eher aus den winterkalten Gebieten Asiens und der USA stammen. Mittlerweile sind Lotosblumen weltweit in Kultur und in den meisten botanischen Gärten zu finden, wo sie im Sommer zahlreiche Wasserbecken zieren. An der Lotosblume ist der Selbstreinigungseffekt am besten zu beobachten. Die Demonstration kann an einem der Blätter durchgeführt werden, ohne dass die Pflanze beschädigt wird. Ist Lotos nicht verfügbar, kann auf Blätter der anderen oben aufgeführten Pflanzen zurückgegriffen werden. Somit ist der Versuch fast das ganze Jahr über durchführbar. Bei den Alternativpflanzen sollten die hier vorgeschlagenen Experimente vorher ausprobiert werden, da der Lotoseffekt an diesen Pflanzen nicht immer optimal funktioniert.

## Literatur

Barthlott, Neinhuis: *Lotus-Effekt und Autolack* • Sitte et al.: *Lehrbuch der Botanik* • Slocum, Robinson: *Water Gardening*

# Steinbrech mit Kalkrand

## Benötigtes Material

Blätter oder ganze im Garten wachsende Pflanzen von Steinbrech-Arten, die an ihren Blättern in Grübchen Kalk ausscheiden (z.B. *Saxifraga caesia*, *S. cotyledon, S. diapensioides, S. paniculata*); 1 Stückchen Kalkschotter oder Mörtel, 1 Stückchen Granit oder Sandstein oder ein Kieselstein; Tropf-Fläschchen mit ca. 10%iger Salzsäure; Spritzflasche mit Wasser.

Die Kalkausscheidungen sind als weiße Krusten, die sich meist am Blattrand befinden, zu erkennen.

Aus der Natur dürfen keine Steinbrech-Pflanzen entnommen werden, da sie meist sehr selten sind und unter Naturschutz stehen.

## Der Kalk wird mit Salzsäure aufgelöst

Ein Tropfen Salzsäure wird auf das Kalksteinchen gegeben, woraufhin die Salzsäure sprudelt. Durch die Salzsäure wird der Kalk zersetzt, es entsteht dabei Kohlendioxid, das beim Entweichen den Tropfen zum Sprudeln bringt. Anschließend wird auf die Blätter mit Kalkrand ein Tropfen der Salzsäure gegeben. Sofort beginnt es zu sprudeln. Man sollte beachten, dass die Salzsäure bei zu langer Einwirkung die Blätter schädigen kann. Es bietet sich deshalb an, wenn ganze Pflanzen verwendet werden, bevorzugt Blätter vom Außenrand der Rosette für den Versuch zu benutzen oder die Salzsäure nach dem Aufschäumen rasch mit Wasser wieder abzuspülen. Zum Vergleich wird die Salzsäure auch auf einen kalkfreien Stein getropft, es bilden sich keine Bläschen.

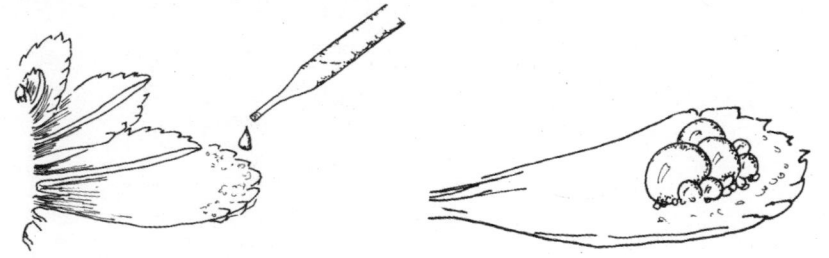

*Alter: 10–16 J.; Sommer, draußen; Dauer: 5 Min.*
*Hilfe eines Erwachsenen erforderlich!*

## Warum scheidet der Steinbrech Kalk aus?

Nicht alle Pflanzen können auf jedem Boden gut wachsen, da manche Ionen im Boden für gewisse Pflanzen schädlich wirken oder aber in zu geringer Menge vorhanden sind. Die chemische Formel für Kalk lautet $CaCO_3$ (Calciumkarbonat). In Wasser oder im feuchten Boden zerfällt es in Calcium- und $CO_3$-Ionen. In der Regel werden die in größeren Mengen für die Pflanzen schädlichen Calcium-Ionen aufgrund einer eingeschränkten Durchdringbarkeit von Zellmembranen am Eindringen in den Zentralzylinder der Wurzel gehindert. Ist bei intensiver Sonneneinstrahlung (so auch in den Kalkalpen an Standorten von Steinbrechen) die Wasserabgabe über die Blätter erhöht, entsteht ein starker Transpirationssog. Mit dem aus dem Boden nachgesogenen Wasser kann unter derartigen Bedingungen doch eine nicht unbeträchtliche Menge an Calcium-Ionen in die Pflanze gelangen. Diese reichern sich in den Blättern an. Bei zu hoher Konzentration kann Calcium für die Pflanze schädlich sein. Diverse Pflanzen haben deshalb verschiedene Methoden entwickelt, das Calcium wieder auszuscheiden bzw. in eine unschädliche Form zu überführen. Einige Steinbrech-Arten geben das im Wasser gelöste Calcium über Wasserspalten (Hydathoden) an den Blatträndern ab. Nach Verdunstung des Wassers können sich dann auf den Blättern weiße Kalkkrusten bilden. Gerade bei den Steinbrech-Arten ist das Vorhandensein oder die Abwesenheit von Kalkausscheidungen eine wichtige Bestimmungshilfe.

## Ergänzungen und weiterführende Versuche

Calcium wird in einigen Pflanzen in Form von länglichen Kristallen (Raphiden) aus Calciumoxalat in den Zellen abgelagert. Raphiden in der Rinde einer Ananasfrucht sind es, durch die die Mundwinkel nach dem Verzehr nicht gründlich geschälter Ananas wund werden. Die Raphiden aus der Ananas können unter dem Mikroskop betrachtet werden.

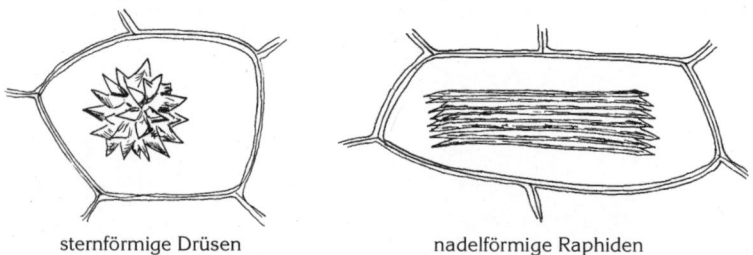

sternförmige Drüsen                    nadelförmige Raphiden

Verschiedene Ausprägungsformen von Calciumoxalat

## Schon gewusst?

Die heimischen Steinbrech-Arten kommen überwiegend in den Alpen vor und besiedeln dort häufig Gesteinsritzen. Der Gattungsname geht bereits auf PLINIUS zurück, der die Pflanze mit „quia saxa frangit = weil er die Felsen bricht" beschrieb.

KARL HEINRICH WAGGERL hat in seinem „Heiteren Herbarium" den Steinbrech mit folgenden Zeilen gewürdigt:

**Steinbrech**
Wir wissen nicht,
womit der Steinbrech Steine bricht.
Er übt die Kunst auf seine Weise,
ganz ohne Lärm. Gott liebt das Leise.

Dass sich Kalk in Anwesenheit von Säure zersetzt, macht man sich auch im Haushalt zunutze. Ein verkalkter Wasserkocher kann leicht gereinigt werden, indem man ihn mit Essigsäure kochen lässt.

## Wo gibt's die Zutaten?

Viele botanische Gärten verfügen über ein Alpinum oder einen Steingarten, in dem in der Regel auch entsprechende Arten zu finden sind. Auf Anfrage gibt man sicherlich ein paar Blätter ab. Steinbrech-Arten sind aber auch in besser sortierten Gärtnereien zu bekommen. Die Steinchen findet man als Abfall im Baustoffhandel. Salzsäure gibt es in der Apotheke.

## Literatur

Harborne: *Ökologische Biochemie* • Larcher: *Ökologie der Pflanzen*
Lauber, Wagner: *Flora Helvetica* • Reisigl, Keller: *Alpenpflanzen im Lebensraum* • Schmeil, Fitschen: *Flora von Deutschland und angrenzender Länder* • Waggerl: *Heiteres Herbarium. Blumen und Verse*

# Schwitzende Blätter

## Benötigtes Material

Kleiner Zweig mit Blättern oder einzelne Blätter, die relativ dünn und nicht zu klein sind sowie eine glatte Oberfläche haben wie z.B. Forsythie (*Forsythia* spec.) oder Holunder (*Sambucus nigra*), breites Tesafilm, Wasserglas.

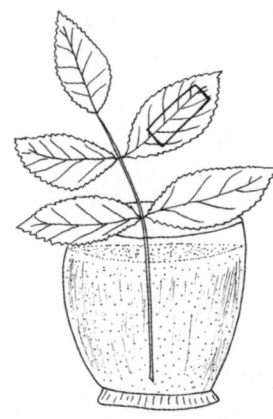

## Die Blätter transpirieren

Ein Zweig mit mindestens zwei etwa gleich großen Blättern (z.B. Forsythie) oder ein Fiederblatt des Schwarzen Holunders mit annähernd gleich großen Blättchen wird präpariert, indem ein breiterer Tesafilmstreifen bei einem Blatt oder Blättchen auf die Oberseite, bei dem anderen auf die Unterseite geklebt wird. Zweige oder Blätter werden in ein Wasserglas an ein möglichst sonniges Fenster gestellt. Nach etwa 10 Minuten hat sich unter dem Tesafilmstreifen auf der Blattunterseite Wasser angesammelt, was sich anhand einer Trübung des Klebestreifens äußert. Besonders im Bereich der etwas dickeren Adern, wo sich das Tesafilm etwas von der Blattfläche ablösen kann, sammelt sich relativ viel Wasser an und ist die Trübung am ausgeprägtesten.

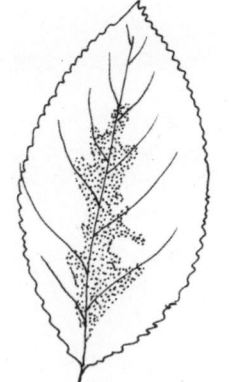

## Warum nur unten?

Die meisten Blätter haben nur auf ihrer Unterseite Spaltöffnungen. Über die Spaltöffnungen findet der Gasaustausch statt und wird auch Wasserdampf abgegeben. Der Wasserdampf scheidet sich unter dem Tesafilmstreifen in Form kleiner Tröpfchen ab. Die Abgabe von Wasserdampf über die Spaltöffnungen der Blätter wird Transpiration genannt, ähnlich wie man

*Alter: alle Altersstufen; ganzjährig, im Haus und draußen; Dauer: 15 Min.*

beim Menschen davon spricht, dass er transpiriert, wenn er schwitzt. Die Umwandlung von Wasser von einer freien Wasserfläche (z.B. Pfütze) in Wasserdampf wird als Verdunstung bezeichnet.

## Ergänzungen und weiterführende Versuche

In der Nacht, also im Dunkeln, sind die regulierbaren Spaltöffnungen der meisten Pflanzen geschlossen. Dies bedeutet, dass weder Kohlendioxid aufgenommen, da ja das Sonnenlicht für die Photosynthese fehlt, noch Wasserdampf abgegeben wird. Ein Blatt wird zunächst für ca. eine halbe Stunde in einem Wasserglas in einen dunklen Schrank gestellt, damit sich die Spaltöffnungen schließen. Danach wird auf der Unterseite des Blattes ein Tesafilmstreifen festgeklebt. Da kein Wasser abgegeben wird, bleibt der Tesafilmstreifen auch nach längerer Beobachtungszeit klar.

## Schon gewusst?

Ausgewachsene Laubbäume geben an einem Sommertag über die Blätter unglaubliche Mengen an Wasserdampf ab.

In vielen wärmeren Gegenden (z.B. auch auf Madeira) ist es beliebt, Eukalyptus-Monokulturen anzulegen, da die rasch wachsenden Bäume eine schnelle Holzernte erwarten lassen. Oft wird dabei jedoch nicht bedacht, dass Eukalypten »sehr durstige« Bäume sind und dem Boden viel Wasser entziehen, was aus ökologischen Gründen nicht immer vertretbar ist. Generell geben Pflanzen mit großen, weichen Blättern viel mehr Wasser ab als Gewächse mit kleinen, harten oder wachsüberzogenen Blättern. Dies merkt man leicht an den eigenen Kübelpflanzen: eine Engelstrompete oder Tomatenpflanze beispielsweise benötigen an sonnigen Sommertagen jeden Tag reichlich Wassergaben, damit die Blätter nicht schlaff werden, während ein Rosmarin oder Lavendel durchaus mehrere Tage ohne Wasserversorgung überstehen.

## Wo gibt's die Zutaten?

Geeignete Blätter lassen sich leicht in Parks und Gärten sowie in Hecken am Straßenrand finden.

## Literatur

Sitte et al.: *Lehrbuch der Botanik* • Steinecke, Schubert, Pohl-Apel: *Druidenfuß und Hexensessel* • Steinecke, F.: *Methodik des biologischen Unterrichts*

# Ein Blatt-Fisch wird geflochten

## Benötigtes Material

2 lange, schmale Blätter (ca. 1–3 cm breit, 20–30 cm lang) von kräftigen Gräsern wie Schilfrohr (*Phragmites australis*) sowie Narzissen (*Narcissus spec.*); falls keine Blätter verfügbar, können ersatzweise zwei Papierstreifen in entsprechender Größe verwendet werden; Schere; Filzstift.

## Um den Finger gewickelt

Blätter verschiedenster Arten haben eine hohe Stabilität und müssen biegsam sein, damit sie z.B. im Wind nicht zerreißen. Davon kann man sich leicht überzeugen, wenn man verschiedene längliche Blätter (z.B. von Gräsern) um einen Stock oder den Finger wickelt. In den meisten Fällen bleiben sie dabei trotz der auftretenden Spannungen unversehrt. Teile von Blättern oder Sprossen verschiedenster Arten werden deshalb für Flechtarbeiten verwendet.

Es ist für Zuschauende eindrucksvoll, »mal eben« aus zwei schmalen Blättern einen Fisch zu flechten.

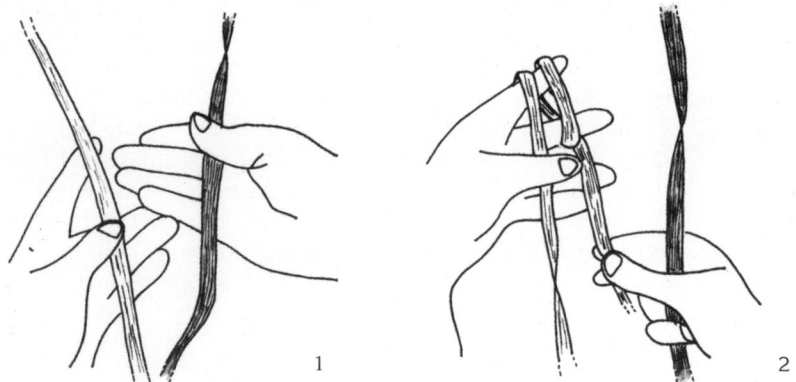

1. Zur besseren Anschaulichkeit der Bastelanleitungs-Skizzen wurden ein helleres und ein dunkleres Blatt verwendet.

2. Das helle Blatt wird in zwei Schlaufen um Zeige- und Mittelfinger der linken Hand gewickelt. Die Schlaufen sollten nicht ganz stramm den Fin-

*Alter: alle Altersstufen; Sommerhalbjahr, im Haus und draußen; Dauer: 10 Min. Aus Papier geht es natürlich ganzjährig.*

gern anliegen, weil sich dann das andere Blatt leichter durchfädeln lässt. Die unteren Schlaufenenden werden möglichst mit dem linken Daumen festgedrückt, damit sie nicht von den Fingern abrutschen.

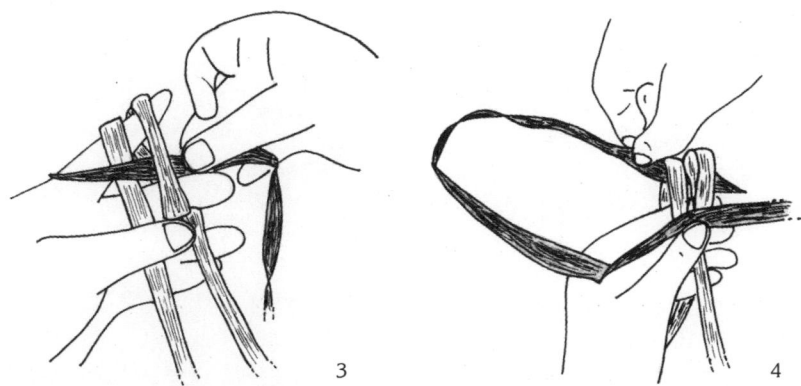

3. Mit der rechten Hand wird nun das dunkle Blatt von rechts nach links in die Schlaufen »eingewebt«. Die Spitze des dunklen Blattes wird **durch** die rechte Schlaufe gezogen und **über** die linke herüber geschoben. Falls sich das Blatt schlecht schieben lässt, kann man den Abstand zwischen Zeige- und Mittelfinger etwas vergrößern und somit die Schlaufen lockern.

4. Beim Zurückfädeln des dunklen Blattes wird die Spitze **durch** die linke Schlaufe gezogen und **hinter** der rechten Schlaufe vorbeigeführt.

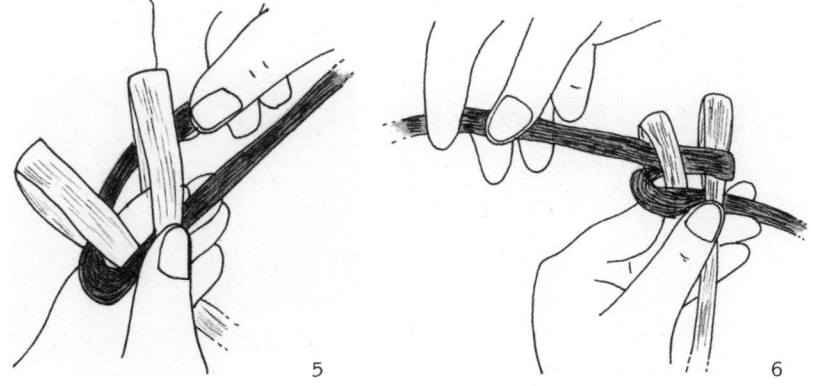

5. Das dunkle Blatt wird erneut von rechts nach links geführt.

6.  Es wird **über** die rechte Schlaufe gelegt und **durch** die linke Schlaufe gezogen. Anschließend wird alles etwas straff gezogen.

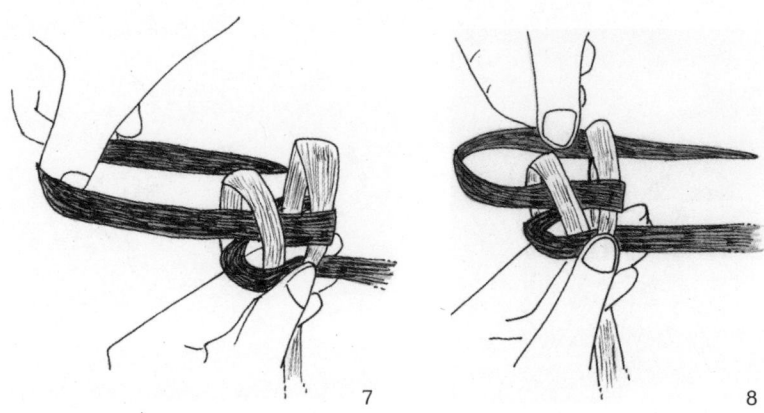

7

8

7.  Das dunkle Blatt wird noch einmal von links nach rechts »gewebt«. Dabei wird die Spitze **hinter** die linke Schlaufe geführt.

8.  Anschließend wird das Blatt **durch** die rechte Schlaufe gezogen.

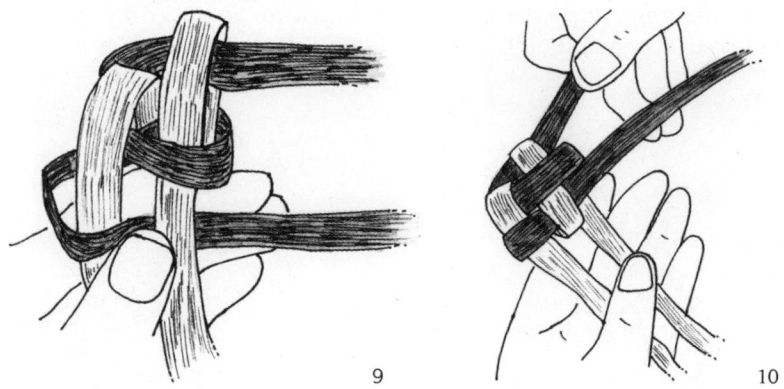

9

10

9.  Die Schlaufen werden gleichmäßig straff gezogen.

10. Die Form eines Fisches ist nun deutlich erkennbar.

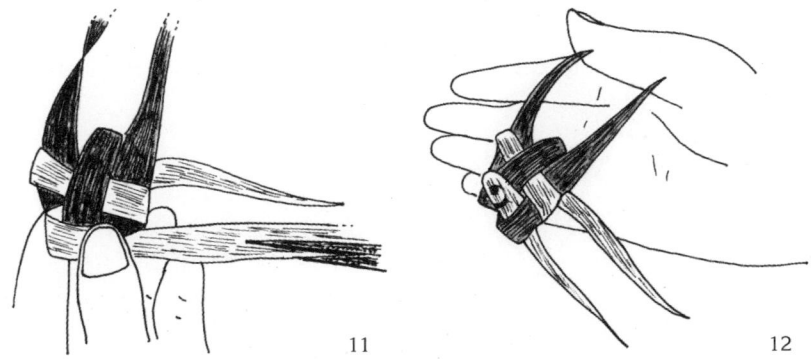

11. Schwanz-, Rücken- und Bauchflossen werden mit der Schere in gewünschte Form gebracht.

12. Zum Schluss kann man dem Fisch noch ein Gesicht aufmalen.

## Warum zerreißen die Blätter nicht?

Gräser und Narzissen gehören zu den einkeimblättrigen Pflanzen. Ihre Blätter sind in Längsrichtung von parallel angeordneten Blattadern durchzogen. Diese verleihen den Blättern eine gewisse Festigkeit, sodass sie nicht sofort zerreißen. Anderseits sind Festigungselemente nur um die Leitbündel vorhanden, sodass die Blätter biegsam bleiben.

## Ergänzungen und weiterführende Versuche

Wenn Blätter ähnlich wie ein Wellblechdach gefaltet sind, zeigen sie besonders große Stabilität. Die tropische Palme *Licuala grandis* beispielsweise hat Fächerblätter, die kaum eingeschnitten und wellig gefaltet sind. Die Blätter halten kräftigen tropischen Regen sehr gut aus, das Wasser läuft entlang der Rinnen im Blatt ab. Die großflächigen Bananenblätter dagegen sind wenig stabil und kaum elastisch, sodass sie bei starkem Wind oder Regen einreißen.

## Schon gewusst?

In tropischen Ländern werden diese Fische aus Blattfiedern der Kokospalme hergestellt und an Sonnenhüte, die ebenfalls aus Kokosfiedern geflochten wurden, gesteckt. Palmenblätter sind so stabil, dass man daraus in manchen tropischen Gegenden Wände oder Dächer von Hütten baut.

## Wo gibt's die Zutaten?

Narzissen sind beliebte Gartenpflanzen. Schilfrohr gedeiht an Ufern von Gewässern.

## Literatur

Steinecke, H.: *Korn – Brot, Getreide, Gräser*

# Der Bau der Blüte

Die Blüte dient der geschlechtlichen Fortpflanzung. Die Blütenhülle schützt die Geschlechtsorgane der Pflanzen vor Witterungseinflüssen oder Fraßfeinden. Bei vielen Arten ist zudem ein auffälliger Schauapparat zum Anlocken von Bestäubern vorhanden.

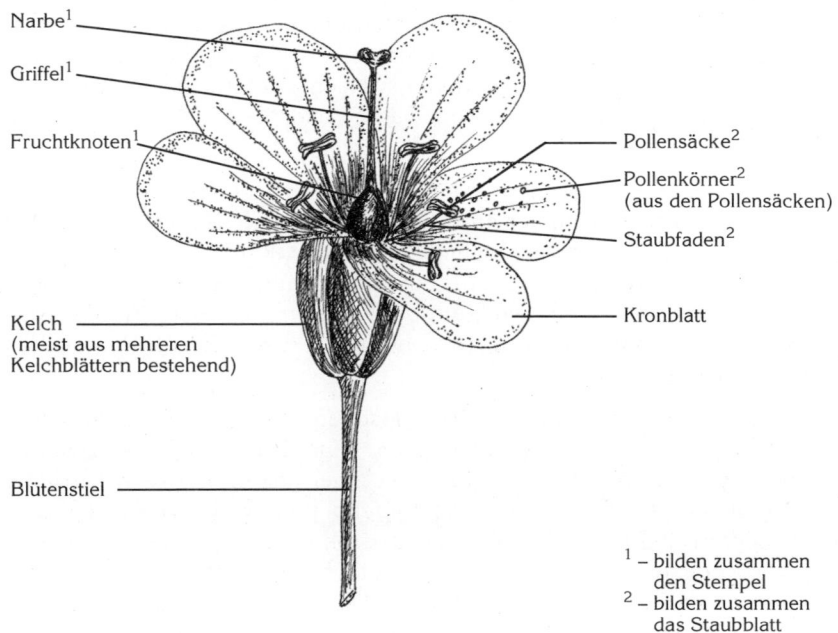

Narbe[1]
Griffel[1]
Fruchtknoten[1]
Pollensäcke[2]
Pollenkörner[2] (aus den Pollensäcken)
Staubfaden[2]
Kelch (meist aus mehreren Kelchblättern bestehend)
Kronblatt
Blütenstiel

[1] – bilden zusammen den Stempel
[2] – bilden zusammen das Staubblatt

Schematischer Bau einer Blüte

Als Beispiel soll die Blüte der Kirsche beschrieben werden:
Die fünf ganz außen stehenden, grünen Blättchen der Blütenhülle sind die Kelchblätter. Es folgen die fünf auffälligen weißen oder rosa gefärbten Kronblätter. Weiter innen entwickeln sich die Staubblätter. Diese sind in einen dünnen Staubfaden (Filament) und die Pollensäcke, in denen die Pollenkörner (der Blütenstaub) gebildet werden, gegliedert. Die Pollenkörner enthalten das männliche Erbgut der Pflanze. Für einen Fruchtansatz und die Samenbildung ist es deshalb wichtig, dass der Pollen auf andere Kirschblüten übertragen wird. Wenn nun Hummeln oder Bienen die Blüten auf der Suche nach dem nahrhaften Pollen oder dem am Blütengrund gebildeten süßen Nektar aufsuchen, bleibt der Blütenstaub in ihrem Pelz

hängen. Beim Besuch einer weiteren Blüte können so Pollenkörner übertragen werden.

In der Mitte der Blüte befindet sich der Stempel, der aus Fruchtknoten, Griffel und Narbe besteht. Der Fruchtknoten wird ganz allgemein aus einem oder mehreren Fruchtblättern gebildet. Die klebrige Narbe ist das Empfängnisorgan für den Pollen. Sind nämlich »passende« Pollenkörner der gleichen Art auf die Narbe gelangt (Bestäubung), keimen sie mit einem schlauchförmigen Fortsatz (Pollenschlauch) aus. Dieser wächst durch den Griffel und transportiert so das männliche Erbgut zu der Eizelle in der Samenanlage des Fruchtknotens. Nach erfolgreicher Befruchtung der Eizelle kann sich eine Frucht mit Samen bilden.

Viele Blüten sind von diesem Grundschema abgewandelt. So ist beispielsweise die Blütenhülle vieler Arten nicht in Kelch und Krone gegliedert (z.B. Tulpe), und die Zahl der pro Blüte vorhandenen Blüten-, Staub- und Fruchtblätter kann ganz unterschiedlich sein. Während die Blüten zweikeimblättriger Pflanzen häufig fünf Blütenkronblätter haben (z.B. Pelargonie), sind es bei Blüten einkeimblättriger Pflanzen meist sechs (z.B. Lilie). Die Narzisse enthält nur einen Fruchtknoten, beim Buschwindröschen sind es dagegen zahlreiche.

Auch die Blütenformen sind sehr vielgestaltig. So gibt es beispielsweise sternförmige, radiärsymmetrische Blüten (z.B. Hahnenfuß) oder Blüten mit nur einer Symmetrieebene, also mit einer linken und rechten Hälfte (z.B. Taubnessel). Zudem sind die Blütenblätter entweder frei (Buschwindröschen) und einzeln abzupfbar oder röhren- bis glockenförmig miteinander verwachsen (z.B. Engelstrompete). Manche Blüten sind eigentlich aus vielen Blüten zusammengesetzt. Die »Blüten« von beispielsweise Gänseblümchen oder Sonnenblume sind körbchenförmige Blütenstände, die aus vielen unscheinbaren, inneren Röhrenblüten und äußeren Strahlen- oder Zungenblüten zusammengesetzt sind.

Begriffserklärungen zu den Abbildungen auf der folgenden Seite

Plazenta:     Die Plazenta ist der die Samenanlagen tragende Teil des Fruchtblattes. Häufig handelt es sich um eine vom Fruchtblatt ausgehende Gewebewucherung.

Plazentation:     Die Art der Plazentation gibt an, wo im Fruchtknoten sich die Samen befinden.

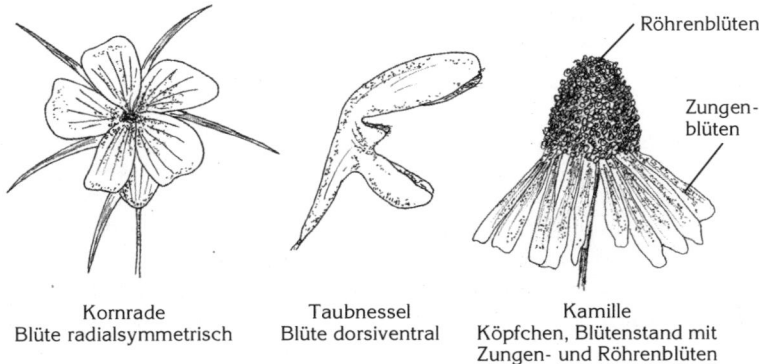

Kornrade
Blüte radialsymmetrisch

Taubnessel
Blüte dorsiventral

Kamille
Köpfchen, Blütenstand mit
Zungen- und Röhrenblüten

Verschiedene Typen von Blüten

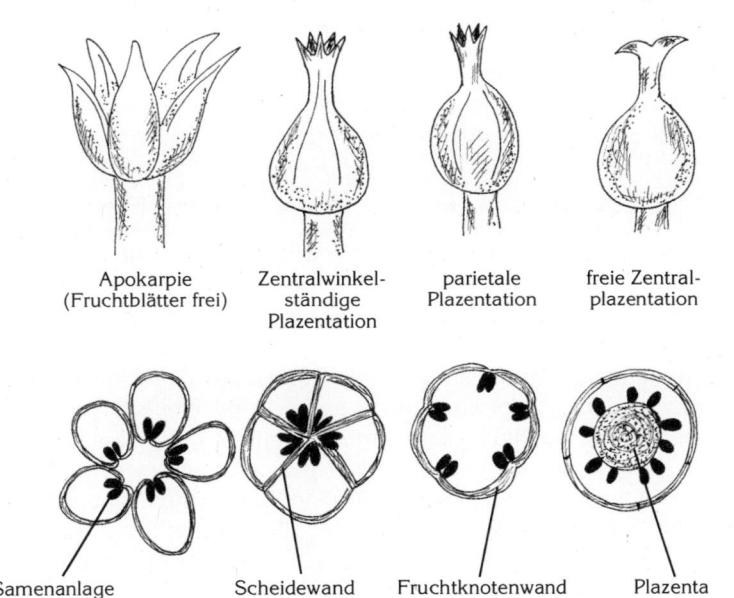

Apokarpie
(Fruchtblätter frei)

Zentralwinkel-
ständige
Plazentation

parietale
Plazentation

freie Zentral-
plazentation

Samenanlage        Scheidewand        Fruchtknotenwand        Plazenta

Verschiedene Typen von Fruchtknoten
in Seitenansicht (obere Reihe) und Querschnitt (untere Reihe)

# Blüten wechseln ihre Farben

## Benötigtes Material

Säuren: z.B. 0,1%ige Salzsäure, haushaltsübliche Essig-Essenz, Zitronensaft; alkalische Reagenzien: z.B. Waschpulver-Lösung, Flüssig-Metallpolitur; Pipette; Becherglas; frisch gesammelte, blaue Blüten von Glockenblumen (*Campanula*-Arten), Enzianen (*Gentiana*-Arten), Borretsch (*Borago officinalis*), Vergissmeinnicht (*Myosotis sylvatica*), Prunkwinde (*Ipomoea tricolor*) u.a.; zum Vergleich rote Blüten z.B. vom Tränenden Herz (*Dicentra spectabilis*), von Fuchsien (*Fuchsia*), Geranien (*Pelargonium*) und Klatschmohn (*Papaver rhoeas*).

Blüten von Nelkengewächsen sind nicht geeignet, denn sie enthalten als Farbstoff Betalaine, die sich nicht wie Anthocyane von blau nach rot umfärben.

Die Blütenblätter sollten nicht zu steif sein oder Wachsauflagerungen haben, da dann die Säure nur schlecht in die Zellen eindringen kann – nur sehr langsam tritt der Farbwechsel beispielsweise an blauen Blüten der Primel auf.

Wird der Versuch direkt an der Pflanze durchgeführt, eignen sich trichterförmige Blüten besonders gut, da der Säuretropfen nicht von der Blüte abrollt und deshalb besser auf das Blütengewebe einwirken kann.

## Wie werden blaue Blüten rot und rote Blüten blau?

Auf die frisch gesammelten blauen Blüten wird entweder mit der Pipette ein Tropfen Salzsäure, Essig-Essenz oder Zitronensaft gegeben bzw. die Blüten werden direkt in ein mit Säure gefülltes kleines Glas gelegt. Nach einigen Minuten färben sich die Blüten rosa. Je zarter die Blüten, desto schneller läuft die Reaktion ab. Für den Test mit Essigsäure direkt an der Pflanze sind Prunkwinde und Vergissmeinnicht sehr gut geeignet, für die Variante mit Zitronensaft ist ebenfalls das Vergissmeinnicht brauchbar. Haben die Blüten noch nicht zu sehr gelitten, können sie danach in eine alkalische Lösung gelegt werden, worauf sie sich wieder blau färben. Gut funktioniert der Versuch mit einem Vergissmeinnicht-Blütenstand, der zunächst in Essigsäure rot und dann in gesättigter Waschpulver-Lösung wieder blau gefärbt wird. Der umgekehrte Versuch, nämlich eine normalerweise rot gefärbte Blüte nach blau umzufärben, lässt sich gut mit dem Tränenden Herz (*Dicentra spectabilis*) durchführen. Eine Blüte wird zunächst in einige

---

*Alter: 6–16 J.; Frühling und Sommer, im Haus; Dauer: 30 Min.*
*Hilfe eines Erwachsenen erforderlich!*

Tropfen einer Metall-Politur-Lösung gelegt. Sofort werden die roten Blüten-herzen unansehnlich graublau. Nach Abspülen unter Leitungswasser und Einlegen in Essigsäure werden sie schnell wieder hübsch rot.

## Warum verfärben sich Blüten?

Die verwendeten roten und blauen Blüten enthalten als Farbstoff Antho-cyan. Anthocyan-Farbstoffe sind ähnlich wie Lackmus ein Indikator für ein saures oder alkalisches Medium: im sauren Bereich sind sie rot, im alka-lischen blau gefärbt. Wird Säure auf die Blüte gegeben, dringt die Säure in die Zellen ein und der Anthocyan-Farbstoff wird rosa. Der im Versuch gezeigte Farbwechsel lässt sich auch unter natürlichen Bedingungen beob-achten. Die Blüten vieler Raublattgewächse (*Boraginaceae*, z.B. Vergiss-meinnicht, Lungenkraut, Borretsch, Natternkopf, Beinwell) sind im jungen Zustand rosa, später werden sie blau bis violett. Mit dem Alter der Blüten ändert sich der Säuregrad des Zellsaftes, sodass ein Farbumschlag auftritt. Insekten können anhand der Färbung auf das Alter der Blüten und ihren Nektargehalt schließen. Bienenverwandte können lernen, dass nur junge Blüten nektarreich sind, und fliegen somit bestäubungsfähige Blüten an.

## Ergänzungen und weiterführende Versuche

Der typische Farbumschlag von blau nach rosa ist bei Anthocyanen zu beob-achten. Im Vergleich dazu kann getestet werden, wie sich gelbe Blütenfarb-stoffe in Säure verhalten. Ein gelbes Stiefmütterchen (*Viola x wittrockiana*) mit schwarzem Saftmal wird in ein Glas mit Essig-Essenz gegeben. Die Blüte verliert dabei etwas ihre Konsistenz und wird schlaff. Die gelben Bereiche haben sich nicht umgefärbt, während der schwarze Fleck im Zentrum der Blüte röter geworden ist. Die gelbe Farbe wird beim Stiefmütterchen durch

Karotinoide erzeugt, im Saftmal liegt eine Kombination aus Karotinoiden und Anthocyanen vor.

Ein ähnlicher Farbwechsel-Effekt wird erzielt, wenn man im Wald auf einen belebten Ameisenhaufen eine blaue Blüte einer Glockenblume (*Campanula*) oder eines Männertreus (*Veronica*) legt. Die Ameisen scheiden zur Abwehr eines möglicherweise in das Nest eindringenden Feindes, für den sie die Blüte zunächst halten, Ameisensäure aus. Daraufhin färbt sich die Blüte wie mit den vorhergehend getesteten Säuren nach rosa um.

## Schon gewusst?

Dass sich die Blüten vieler Raublattgewächse umfärben, kann man manchen Pflanzennamen entnehmen. Der Blaurote Steinsame (*Lithospermum purpurocaeruleum*) hat zunächst rotviolette, später blaue Blüten.

Auch andere Blüten ändern ihre Farben im Laufe der Zeit. So zeigen die jungen Blüten der Rosskastanien zunächst gelbe Flecken (Saftmale), die sich später, meist im bestäubten Zustand, nach Rotorange umfärben. Allerdings nicht jede Änderung der Farbe von Blüten oder Früchten ist abhängig vom Säuregrad des Zellsaftes. So wird die Tomate während der Reife rot, weil Karotinoide eingelagert werden und das grüne Chlorophyll abgebaut wird.

Die Vielfalt der Blütenfarbstoffe ist sehr groß. Innerhalb der Anthocyanfarbstoffe gibt es viele verschiedene Farbtöne. Anthocyane lassen sich in drei Hauptgruppen unterteilen: die orangeroten Pelargonidine (z.B. in der Pelargonie), die rotvioletten Cyanidine und die blauvioletten Delphinidine (z.B. im Rittersporn, *Delphinium*). Bei den verschiedenen Anthocyanen muss der Umschlag von einem Rot- in einen Blauton nicht unbedingt im Neutralbereich erfolgen. So sind die Blüten der Aschenblume (Cinerarie, *Senecio cineraria*) noch weit in den sauren Bereich hinein blau gefärbt.

Anthocyane werden aber nicht nur in Blüten eingelagert. Frische Blatt-Austriebe verschiedener Arten sind häufig rot gefärbt, da die jungen Blätter durch das Anthocyan vor UV-Strahlung geschützt werden. Schattenpflanzen im tropischen Regenwald haben oft eine violette Blattunterseite, die das von oben eintreffende Licht reflektiert, sodass es nochmals das Blatt durchdringt. So können die wenigen Lichtstrahlen, die überhaupt in die unteren Waldschichten dringen, besser ausgenutzt werden. Das auf den Blattunterseiten eingelagerte Anthocyan wirkt also wie ein Verstärker.

Diverse Früchte oder Gemüsepflanzen enthalten ebenso Anthocyane, so auch die bläulichen Trüffelkartoffeln. Verwendet man diese in Kartoffelsalat, also zusammen mit Essig, verfärben sie sich leuchtend rosa.

## Wo gibt's die Zutaten?

Die beschriebenen Pflanzen sind beliebte Gartenpflanzen, also leicht verfügbar. Wild wachsende Enziane stehen unter Naturschutz und dürfen nicht gepflückt werden. Salzsäure gibt es in der Apotheke, die übrigen sauren bzw. alkalischen Medien in Supermärkten oder Drogerien.

## Literatur

Baer: *Biologische Versuche* • Haller, Probst: *Botanische Exkursionen* Harborne: *Ökologische Biochemie* • Haug: *Naturkundliches Arbeitsbuch* Hess: *Die Blüte* • Molisch: *Botanische Versuche und Beobachtungen* Saan: *365 Experimente für jeden Tag* • Sapper, Widhalm: *Einfache biologische Experimente* • Steinecke, Auge: *Experimentelle Biologie*

# Farbumschläge bei Blüten durch Zigarettenrauch

## Benötigtes Material

Zigarre oder Zigarette; blaue Blüten von Stiefmütterchen (*Viola x wittrockiana*) oder Veilchen (*Viola*), Pfirsichblättriger Glockenblume (*Campanula persicifolia*), Krokus- (*Crocus*) und Iris- (*Iris*) Arten.

Natürlich kann man den Versuch auch an allen möglichen anderen, zur Verfügung stehenden Blüten, die sich während der gesamten Vegetationsperiode finden lassen, ausprobieren.

Es ist zu beachten, dass Zigarettenrauch gesundheitsschädlich ist und deshalb die Zigarette nicht geraucht werden soll und der Versuch nur im Freien durchgeführt wird.

### Farbumschläge von blau oder violett nach türkis

An frisch gepflückte violette oder blaue Blüten wird eine brennende Zigarette oder Zigarre gehalten. Im Versuch sollte die glühende Zigarettenspitze nicht die Blütenblätter verbrennen, sondern allenfalls leicht streifen. Normalerweise reicht es, sie im Abstand von etwa 5 mm zum Blütenblatt zu bringen, sodass der heiße Zigarettenrauch über dieses streicht. Wichtig ist, Arten mit relativ kräftigen Blüten zu wählen, die nicht gleich von der Zigarette geschädigt werden und verschrumpeln. Schon nach kurzzeitiger Einwirkung des heißen Rauches färben sich blaue Blüten leuchtend türkis, violette Blüten dagegen fast grün. Man kann so leicht ohne Stift richtige Muster und Gesichter auf die Blütenblätter malen!

### Was geschieht durch den Zigarettenrauch mit den Blütenfarbstoffen?

Die violette oder blaue Farbe von Blütenblättern wird durch im Zellsaft gelöste Anthocyane verursacht. Der Farbton des Anthocyans ist vom Säuregrad des Zellsaftes bzw. des umgebenden Mediums abhängig. Der

---

*Alter: 10–16 J.; Frühling und Sommer, draußen; Dauer: 10 Min.*
*Hilfe eines Erwachsenen erforderlich!*

Zigarettenqualm muss also den Säuregrad ändern können. Tatsächlich erhöht er durch in ihm enthaltenes Ammoniak sowie durch Amine und Alkaloide den pH-Wert. Im alkalischen Bereich schlägt das Blauviolett der Anthocyane in ein Türkisgrün um.

## Ergänzungen und weiterführende Versuche

Hitze alleine bewirkt keinen Farbumschlag der Blüten. Dies lässt sich nachweisen, indem man als Vergleich nur eine Flamme den Blütenblättern nähert. Es tritt unter diesen Bedingungen keine Verfärbung auf.

## Schon gewusst?

Man kann die Wirkung von Zigarettenrauch auch an gelben Blüten testen. Einige gelbe Blüten (z.B. von Winterjasmin, *Jasminum nudiflorum*) enthalten Flavone. Diese färben sich durch Zigarettenrauch rot.

Viele gelbe Pflanzenfarbstoffe, die zum Färben von Wolle und Textilien verwendet werden, gehören ebenso zu den Flavonen bzw. Flavonoiden. Es handelt sich um so genannte Beizfarbstoffe. Dies bedeutet, dass das zu färbende Material erst vorbehandelt werden muss. Flavonoidfärbung ergibt nach Alaunbeize meistens Gelbtöne, nach Eisenbeize Oliv-, Braun- oder Schwarztöne und nach Kupferbeize Gelboliv-, Grünoliv- oder Brauntöne. Eine häufig verwendete Färbepflanze mit Flavonoidfarbstoffen ist der Färber-Wau (*Reseda luteola*).

## Wo gibt's die Zutaten?

Geeignete gelbe und blaue Blüten gibt es schon früh im Jahr ab Februar (Winterjasmin (*Jasminum nudiflorum*), Krokus) im Garten. Viele andere folgen während der ganzen Vegetationsperiode.

## Literatur

Harborne: *Ökologische Biochemie* • Molisch: *Botanische Versuche und Beobachtungen* • Sapper, Widhalm: *Einfache biologische Experimente* Schweppe: *Handbuch der Naturfarbstoffe*

# Vor Duft errötet

## Benötigtes Material

Stark duftende, nicht zu große, möglichst weiß oder gelb gefärbte Blüten (für den Versuch gut geeignet sind weiße Narzissen (*Narcissus*), weiße Hyazinthen (*Hyacinthus*), Schneeglöckchen (*Galanthus nivalis* oder *Galanthus elwesii*), Märzenbecher und Sommerknotenblume (*Leucojum vernum* und *Leucojum aestivum*), Purpus-Geißblatt (*Lonicera purpusii*) oder weißblütige Rosen (*Rosa*)); Neutralrot-Lösung; Schraubdeckel-Glas; Pinzette.

## Duftende Blüten werden in Neutralrot eingelegt

Einige Tropfen einer fertig erhältlichen, konzentrierten Neutralrot-Lösung werden mit Wasser etwa 10fach verdünnt; beispielsweise können 10 ml Neutralrot-Lösung mit Wasser auf 100 ml aufgefüllt werden. Die Lösung wird zusammen mit den zu untersuchenden Blüten in ein verschließbares Glas (z.B. kleines Marmeladenglas) gegeben und über Nacht stehen gelassen. Es ist zu beachten, dass die Blüten auch wirklich in der Flüssigkeit untergetaucht sind. Am nächsten Morgen werden die Blüten mit einer Pinzette aus der Farblösung genommen und unter dem Wasserhahn von überschüssigem Neutralrot befreit. Die verdünnte Neutralrot-Lösung kann für spätere Versuche aufgehoben werden. Je nach Pflanzenart haben sich über Nacht nur manche Bereiche der Blüte rot angefärbt, so z.B. bei der Narzisse die so genannte Nebenkrone (die »Trompete«), bei der Hyazinthe die Spitzen aller Blütenblattzipfel; beim Schneeglöckchen färben sich die Spitzen nur der inneren Blütenblätter in der Nähe der grünen Farbmale sowie die Spitzen und Bereiche der Basis der äußeren, längeren Blütenblätter.

## Wie duften Blüten?

Die flüchtigen Duftstoffe werden in abgegrenzten Duftdrüsen oder größeren Duftfeldern auf der Oberfläche der Blütenblätter produziert. Im Bereich

---

*Alter: 10–16 J.; Frühling und Sommer, im Haus; Dauer: ein halber Tag*
*Hilfe eines Erwachsenen erforderlich!*

der Duftstoff produzierenden Zellen ist die schützende Wachsschicht (Cuticula) der Epidermiszellen nur sehr dünn, weshalb das Neutralrot in diesen Bereichen leicht in die Zellen eindringen kann. Da es sich um einen Vitalfarbstoff handelt, durch den die Funktion der Zelle nicht beeinträchtigt wird, behalten die Blüten über Nacht ihre Form und Konsistenz bei und die Duftfelder erscheinen dann als rot gefärbte, abgegrenzte Bereiche.

Durch den Blütenduft werden Bestäuber angelockt, die in den Blüten nach nahrhaftem Nektar oder Pollen suchen. Düfte sind unterschiedlicher Natur, denn verschiedene Bestäuber haben unterschiedliche Vorlieben für bestimmte Düfte. Durch Bienen bestäubte Blüten produzieren meist süßliche, für den Menschen angenehme Düfte. Sind aasliebende Fliegen die anzulockenden Bestäuber, stinken die Blüten nach verwesendem Fleisch. Die leichtflüchtigen Duftstoffe können in mehrere Duftstoffgruppen eingeteilt werden, z.B. in die meist angenehm duftenden Terpenoide (dazu z.B. das in der Minze vorhandene Menthol), in Phenylpropanderivate (dazu das Vanillin, das außer in der Vanille in vielen Blütendüften vorkommt) oder die oft ekelerregend stinkenden Amine und Indole, die in vielen Aasblumen vorhanden sind. Auch Ebereschen-Arten (*Sorbus*-Arten) sowie Traubenkirschen (*Prunus padus*) verströmen einen für viele Menschen eher unangenehmen, etwas fischigen Geruch.

## Ergänzungen und weiterführende Versuche

Blüten wie z.B. Engelstrompete (*Brugmannsia*-Arten) und Geißblatt (*Lonicera*-Arten), die von dämmerungs- und nachtaktiven Tieren (Fledermäuse bzw. Nachtfalter) bestäubt werden, duften oft erst in der Abenddämmerung. Pflückt man tagsüber einen blühenden Zweig einer erst abends duftenden Art und stellt ihn in einer Vase in einen dunklen Raum oder einen geschlossenen Schrank, wird die Duftproduktion angeregt.

## Schon gewusst?

Die in Südafrika beheimateten Stapelien (Ordenssterne) sind beliebte, an kleine Kakteen erinnernde stammsukkulente Pflanzen, die sich im Haus leicht am Südfenster halten lassen. Wenn sie blühen, erfüllt ein ekelhafter, aasähnlicher Gestank den Raum. Die meist wie verwesendes Fleisch braunrot gefärbten, sternförmigen Blüten imitieren auch mit ihrem äußeren Erscheinungsbild Aas. Dadurch werden Fliegen angelockt, die ihre Eier in Aas legen. Auf der Suche nach einem geeigneten Eiablageplatz auf der Blüte kommen sie mit Pollen und Narben der Blüte in Kontakt und tragen bei Besuch mehrerer Blüten zur Bestäubung bei.

Manche Pflanzen (so genannte Parfümblumen) produzieren flüssige Duft-stoff-Tröpfchen, die von speziellen Insekten gesammelt und als Parfüm genutzt werden. Die in Mittel- und Südamerika beheimateten, solitär lebenden Prachtbienen fallen durch ihren metallisch glänzenden Körper auf. Während die Weibchen sich in der Nähe des von ihnen gebauten Nes-tes aufhalten, streifen die Männchen in einem größeren Revier umher und legen dabei Dutzende von Kilometern zurück. Die Männchen besuchen Blüten, um sich von dem angebotenen Nektar zu ernähren. Zudem fliegen die Männchen einiger Arten gezielt spezielle Orchideen-Blüten (z.B. von *Stanhopea*- und *Catasetum*-Arten) an, um duftende ätherische Öle zu sammeln, die von speziellen Duftdrüsen innerhalb der Blüten abgegeben werden. Das mit den Vorderbeinen aufgenommene Parfüm wird in Behäl-tern an den Hinterbeinen aufbewahrt und mit körpereigenen Stoffen (z.B. fetten Ölen) vermischt. Es besteht ein gegenseitiger Nutzen für Pracht-biene und Orchidee. Während des Parfümsammelns werden die Pracht-bienen mit den Pollenpaketen (Pollinien) beladen, die beim nächsten Blü-tenbesuch an der Narbe abgesetzt werden. Für die Bienen spielt das Parfüm eine wichtige Rolle beim Balzritual.

## Wo gibt's die Zutaten?

Geeignetes Pflanzenmaterial gibt es im Frühling in vielen Gärten. Neutral-rot ist ein gängiges Färbereagenz, das über den Laborchemikalienhandel zu beziehen ist.

## Literatur

Hess: *Die Blüte* • Korte: *Pflanzen haben Gefühle und tauschen Informa-tionen aus* • Kugler: *Einführung in die Blütenbiologie* • Meeuse, Moris: *Blumen-Liebe* • Zizka, Schneckenburger: *Blütenökologie*

# Vogel besucht Paradiesvogelblume

## Benötigtes Material

Blütenstand einer Strelitzie (Paradiesvogelblume, *Strelitzia reginae*)

## Auf der Suche nach Nektar

Strelitzien entwickeln einen Blütenstand, der an einen Vogelkopf erinnert. Der Blütenstand wird von einem kräftigen grünlichen Hochblatt, das an einen Vogelschnabel erinnert, umgeben. Wie der Schopf eines Vogels ragen die Blüten nach oben. Die äußeren Blütenblätter jeder Blüte sind nicht miteinander verwachsen und leuchtend orange oder gelb gefärbt. Die beiden inneren schmalen Blütenblätter bilden ein blaues, spießförmiges Organ. Es umschließt den Griffel und die fünf Staubblätter der Blüte. Man kann nun mit dem Finger einen Nektar suchenden Vogel imitieren. Dieser würde sich auf der Suche nach Nektar auf dem kahnförmigen Tragblatt oder dem blauen Spieß niederlassen, der durch das Gewicht des Vogels heruntergedrückt wird. Drückt man nun mit dem Finger auf den blauen Pfeil, klappen zwei Leisten zur Seite und die langen, schmalen Pollensäcke werden freigelegt. Sie geben reichlich klebrigen Pollen ab, der an den Fingern kleben bleibt. Wenn der Pollen während der Nektarsuche am Kopf oder an den Füßen des Vogels hängen bleibt und dieser dann von einer zur anderen Blüte fliegt, ist er ein effektiver Bestäuber.

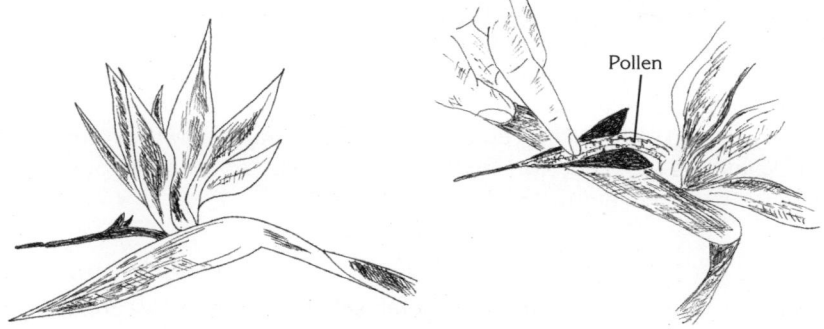

Pollen

Durch Berühren des Schiffchens öffnen sich die seitlichen Flügel,
der klebrige Pollen wird frei.

*Alter: 6–10 J.; Herbst und Winter, im Haus; Dauer: 5 Min.*

## Welche Vögel besuchen welche Blumen?

In Südafrika, der Heimat der Strelitzie, gibt es keine Kolibris. Sie sind in Amerika zu Hause. Kolibris besuchen die Blüten im Schwirrflug, weshalb sie möglichst gut exponiert sein sollten. Die in Südafrika heimischen Nektarvögel können dies nicht und benötigen Blütenbereiche, auf die sie sich setzen können, um aus dieser Position den Nektar zu trinken. Blüten oder Blütenstände, die Vögeln einen Landeplatz bieten, werden als Sitzvogelblumen bezeichnet. Der reichlich gebildete Nektar der Strelitzie bildet glänzende Tropfen am Grunde der Blüten.

## Ergänzungen und weiterführende Versuche

Der Pollen der Strelitzie ist sehr klebrig, damit er besonders gut am Bestäuber haften bleibt. Diese Eigenschaft ist gut zu spüren, wenn man den Pollen zwischen dem Finger zerreibt. Auch andere Pflanzen bilden klebrigen Pollen, so auch verschiedene Vertreter aus der Familie der Nachtkerzengewächse. In diese Familie werden auch Fuchsien (*Fuchsia*) und Nachtkerzen (*Oenothera*) gestellt. Die Pollenkörner werden durch klebrige Fäden (so genannte Viscinfäden) zusammengehalten. Dies lässt sich ausprobieren, indem der Pollen z.B. der amerikanischen Nachtkerze (*Oenothera missouriensis*), einer beliebten Zierpflanze unserer Gärten, mit den Fingern zerrieben wird.

## Schon gewusst?

Die stattliche Strelitzie stammt aus den Küstenwäldern der östlichen Kap-Provinz in Südafrika und wird heute in großen Mengen auf Madeira als Schnittblume angebaut. Entdeckt und nach Europa gebracht wurde sie 1773 von dem Pflanzenjäger FRANCIS MASSON, dem wir auch die Einführung der Belladonna-Lilie (*Amaryllis belladonna*) sowie der Zimmercalla (*Zantedeschia aethiopica*) verdanken. *Strelitzia reginae* wurde zu Ehren von CHARLOTTE SOPHIA VON MECKLENBURG-STRELITZ benannt. Sie wurde später Ehefrau des britischen Königs GEORG III.

## Wo gibt's die Zutaten?

Strelitzien werden in den meisten botanischen Gärten im Warmhaus gehalten und blühen im Winterhalbjahr. Sie sind aber auch als Schnittblumen in Blumengeschäften zu kaufen.

## Literatur

Hess: *Die Blüte* • Kugler: *Einführung in die Blütenbiologie*
Meeuse, Moris: *Blumen-Liebe*

# Bewegungen von Staubblättern in Blüten nach Bienenbesuch

## Benötigtes Material

Blühender Wiesen-Salbei (*Salvia pratense*); Pinzette, Nadel oder dünner Grashalm.

## Mit der Pinzette wird ein Insekt imitiert

Wenn Insekten (z.B. Bienen oder Hummeln) auf der Suche nach Nektar oder Pollen Blüten besuchen, kommen sie automatisch mit den Narben und Staubblättern in Berührung. Die Staubfäden mancher Arten reagieren auf einen Berührungsreiz mit einer Bewegung, wodurch der Pollen leichter auf den Bestäubern abgesetzt werden kann. Dies kann auch durch »Kitzeln« der Blüte mit einer Nadel, einer feinen Pinzette oder notfalls auch mit einem Grashalm ausgelöst werden. Schiebt man beim Salbei die Nadel über die Unterlippe (den Anflugplatz für die Bestäuber) in die Blütenröhre hinein, bewegen sich die beiden der Oberlippe eng anliegenden Staubblattabschnitte nach unten. Beim Besuch einer Biene oder Hummel werden die Pollensäcke auf diese Weise auf den Rücken des Tieres gedrückt.

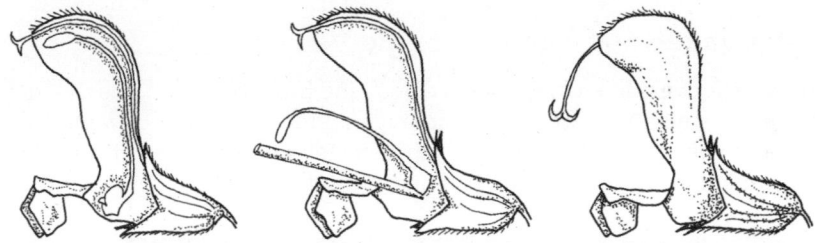

## Welcher Mechanismus verbirgt sich hinter den Bewegungen der Staubblätter?

Bei verschiedenen Salbei-Arten (besonders schön auch bei der aus Mexiko stammenden Zierpflanze *Salvia patens*) ist der so genannte Hebelmechanismus verwirklicht. Im Gegensatz zu den meisten Lippenblütlern bildet Salbei nur zwei Staubblätter aus, deren Bau allerdings vom »Normaltyp« erheblich abweicht. Die Staubfäden sind mit dem Grund der

*Alter: 6–10 J.; Frühsommer (Mai–Juni), draußen; Dauer: 5 Min.*

Blüten verwachsen. Derjenige Bereich, der zunächst wie der eigentliche Staubfaden aussieht, der Oberlippe eng anliegt und den Pollensack trägt, ist ein Teil des extrem verlängerten Konnektivs. Unter dem Konnektiv versteht man das Zwischenstück zwischen den Pollensäcken eines Staubblattes. Der restliche Teil des Konnektivs ist sehr kurz und bildet am Staubfaden eine Platte. Die beiden Platten der zwei Staubblätter sind zu einer größeren »Doppelplatte« verwachsen, die wie ein Hebelarm wirkt. Stößt nämlich eine Hummel oder Biene mit ihrem Kopf auf der Suche nach Nektar am Grund der Blüte gegen diese Platte, wird die Bewegung über diesen Hebelarm weitergeleitet. Als Folge werden die beiden langen Konnektivabschnitte mit den Pollensäcken bogenförmig nach unten auf den Rücken der Hummel gedrückt. Dieser Mechanismus kann besonders gut studiert werden, wenn eine Seite der Blütenröhre behutsam abpräpariert wird. Mithilfe des Bastelbogens auf der CD-ROM lässt sich dieser Hebelmechanismus auch jahreszeitenunabhängig demonstrieren.

Es ist faszinierend, wie der Körper von Insekten in die Blüten passt. Es fällt auf, dass Bienen oder Hummeln beim Besuch von Lippenblütlern (z.B. Salbei, Taubnessel) den Pollen stets auf den Kopf oder Rücken gesetzt bekommen. Kriechen Insekten in die Blüten von bestimmten Schmetterlingsblütlern (z.B. Ginster, Lupine), dann werden sie am Bauch mit Pollen eingepudert.

## Ergänzungen und weiterführende Versuche

Staubblätter verschiedener Arten zeigen eine Eigenbewegung nach einem Berührungsreiz. An warmen und sonnigen Tagen kann die Beweglichkeit der Staubblätter verschiedener Arten getestet werden. Streicht man über das Köpfchen einer Berg-Flockenblume (*Centaurea montana*), dann zie-

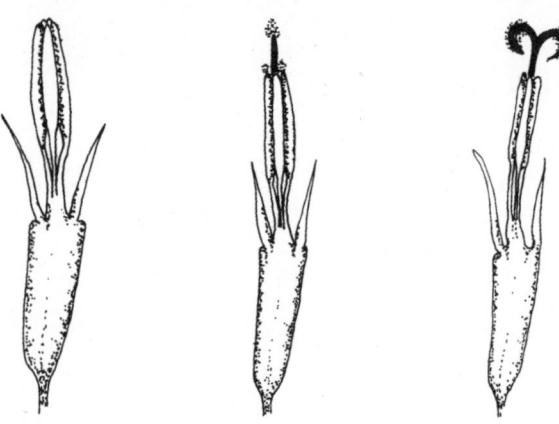

hen sich die Staubfäden zusammen und aus der Spitze der blauen Pollensackröhren quellen kleine helle Pollenklumpen heraus. In einer frisch aufgeblühten Berberitzenblüte (*Berberis vulgaris*) sind die Staubblätter nach außen geklappt und liegen den Kronblättern eng an. Ihre Pollensäcke sind durch die Kronblattzipfel mehr oder weniger verborgen. Bei Berührung der Innenseite der Staubfäden mit der Nadel klappen sie schnell nach innen.

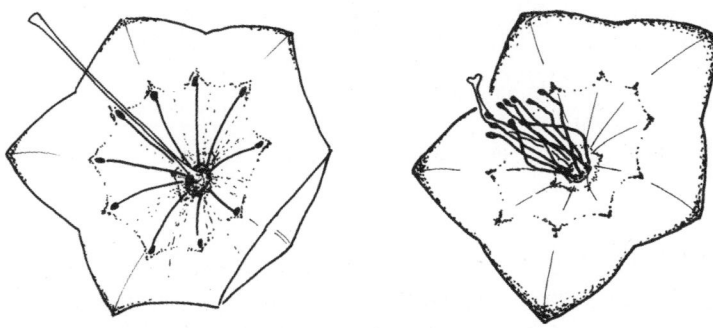

Einen ähnlichen Mechanismus zeigen auch die ästhetisch ansprechenden schalenförmigen Blüten des Berglorbeers (*Kalmia latifolia*). Die weißen bis rosaroten, kantigen Knospen erinnern an ein Sahnehäubchen. In der frisch geöffneten Blüte sind die dunkelroten Pollensäcke der zehn Staubblätter in kleinen Vertiefungen der Kronröhre versenkt. Die zurückgeschlagenen Staubfäden sind gebogen und stehen sichtbar unter Spannung. Bei Berührung der Staubfäden schnellen sie blitzartig nach innen. Beim Sonnenröschen (*Helianthemum nummularium*) oder der Zimmerlinde (*Sparrmannia africana*) ist die Bewegungsrichtung genau umgekehrt, denn auf den Berührreiz hin bewegen sich die Staubfäden nach außen.

## Schon gewusst?

Im Laufe der Evolution haben sich viele gegenseitige Anpassungen zwischen Pflanzen und ihren Bestäubern entwickelt. Eine effektive Bestäubung ist wichtig, damit es zur Befruchtung und Samenbildung kommt. Pollen, der an Tieren haften soll, hat meist eine stachelige Oberfläche (z.B. der Pollen vieler Malvengewächse oder Korbblütler) oder ist aufgrund von Pollenkitt klebrig.

HEINZ ERHARDT hat in seinem Gedicht über das Gänseblümchen sehr schön die Beziehung zwischen Blütenpflanzen und ihren Bestäubern ausgedrückt:

**Gänseblümchen**

Ein Gänseblümchen liebte sehr
ein zweites gegenüber,
drum rief's: „Ich schicke mit 'nem Gruß
dir eine Biene 'rüber!"

Da rief das andere: „Du weißt,
ich liebe dich nicht minder,
doch mit der Biene, das lass sein,
sonst kriegen wir noch Kinder!"

## Wo gibt's die Zutaten?

Der Wiesen-Salbei ist eine heimische Art auf mageren Wiesen, die aber auch in Parks, Gärten oder auf künstlich angelegten Blumenwiesen zu finden ist. Er blüht im Mai und Juni.

## Literatur

Ehrhardt: *Das große Heinz Erhardt Buch* • Haeupler, Muer: *Bildatlas der Farn- und Blütenpflanzen Deutschlands* • Hess: *Die Blüte* Molisch: *Botanische Versuche und Beobachtungen*

# Samen, Früchte und Sporen

# Samen, Früchte und Sporen

Nach erfolgreicher Befruchtung entwickelt sich die Blüte zur Frucht. Sie wird außen von der Fruchtwand (Perikarp) umgeben und enthält eine unterschiedliche Zahl an Samen. Bei manchen Früchten können auch Teile der Blütenachse sowie der Blütenhülle an der Fruchtbildung beteiligt sein (z.B. bei Hagebutte, Erdbeere).

Bei Arten aus verschiedenen Pflanzenfamilien lässt sich oft eine ganz typische Lage der Samen innerhalb der Früchte erkennen. Ist z.B. die Frucht durch Scheidewände in mehrere Fruchtfächer untergliedert (z.B. Tomate, Gurke), dann befinden sich die Samen häufig in den Winkeln der Scheidewände. In den ungefächerten reifen Früchten von Kakteen dagegen liegen die vielen Samen gleichmäßig im weichen Fruchtfleisch eingebettet.

Die von einer harten, schützenden Schale umgebenen Samen enthalten den Embryo, häufig ist auch ein Speichergewebe für Nährstoffe (Endosperm) vorhanden (z.B. Rosskastanie, Kokosnuss). Bei anderen Arten bleibt das Nährgewebe in seiner Entwicklung zurück oder wird schon frühzeitig vom heranwachsenden Embryo verbraucht. Der Hauptteil des Nährstoffvorrats wird dann in die großen Speicherkeimblätter des Embryos eingelagert (z.B. Erbse, Bohne, Buche, Walnuss). Der ausgereifte Same enthält nur noch sehr wenig Wasser. Während der Samenruhe kann der Embryo ungünstige Umweltbedingungen wie Trocken- oder Kälteperioden gut überdauern. Durch Wasseraufnahme (Quellung) wird der Stoffwechsel im Samen angeregt, der Nährstoffvorrat wird mobilisiert und dem wachsenden Keimling zugeführt.

Samen, Früchte mitsamt der Samen, Teilfrüchte, Fruchtstände oder ganze Pflanzen dienen als Ausbreitungseinheiten. Die Ausbreitung kann mithilfe von Tieren, Wind oder Wasser erfolgen; manche Pflanzen tragen sogar selbst aktiv z.B. durch Schleudermechanismen (z.B. Spritzgurke, Springkraut) zur Ausbreitung bei. Es gibt dabei viele Möglichkeiten, wie die Samen aus den Früchten freigesetzt werden.

Bei Öffnungsfrüchten öffnet sich die Fruchtwand zum Freisetzen der Samen, z.B. bei den Kapseln des Mohns, den Hülsen der Erbsen oder den Schoten des Raps. Schließfrüchte öffnen sich dagegen nicht, auch die reifen Samen bleiben von der Fruchtwand oder Teilen von ihr umschlossen. Solche Früchte werden häufig von Tieren gefressen. Die Samen vieler Arten passieren den Magen-Darm-Trakt unbeschädigt und keimen nach dem Ausscheiden viel besser als ohne Darmpassage. Während bei Beeren die Fruchtwand saftig-fleischig ist, ist sie bei einer Nuss hart und trocken. Sammelfrüchte entstehen aus einer Blüte mit mehreren unverwachsenen

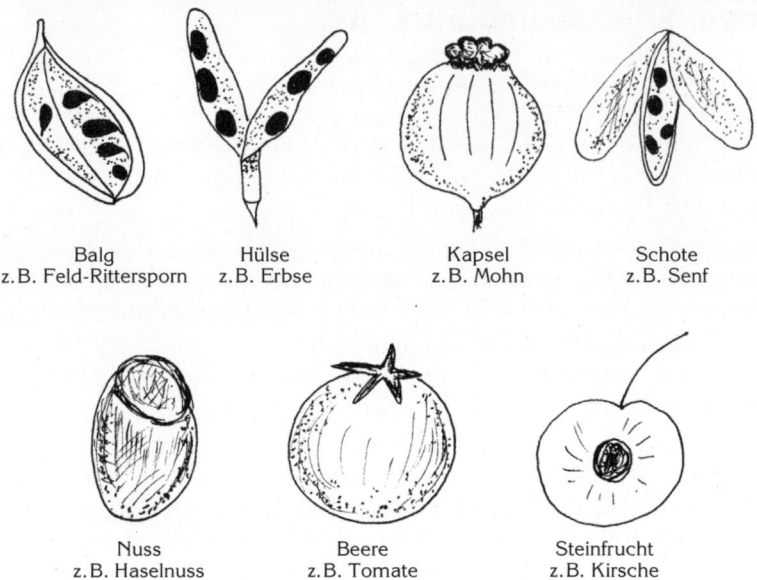

| Balg | Hülse | Kapsel | Schote |
| z.B. Feld-Rittersporn | z.B. Erbse | z.B. Mohn | z.B. Senf |

| Nuss | Beere | Steinfrucht |
| z.B. Haselnuss | z.B. Tomate | z.B. Kirsche |

Verschiedene Fruchttypen
obere Reihe: Öffnungsfrüchte, untere Reihe: Schließfrüchte

Balg: Ist aus einem Fruchtblatt gebildet und springt bei der Reife an nur einer Längslinie auf.

Hülse: Ist aus einem Fruchtblatt gebildet und springt bei der Reife an Bauchnaht und Rückennaht auf.

Kapsel: Ist aus zwei oder mehreren Fruchtblättern gebildet. Das Öffnen erfolgt mit Klappen, Zähnen, Längsritzen, Poren, Deckel oder unregelmäßigem Zerfall.

Schote: Ist aus zwei oder meist vier Fruchtblättern gebildet. Zwei Fruchtblätter fallen zur Reife als samenlose Klappen von einem samentragenden Rahmen ab.

Nuss: Die Fruchtwand ist trocken. Nüsse sind meist einsamig.

Beere: Die Fruchtwand ist auch noch bei der Reife saftig oder doch wenigstens fleischig, selten unmittelbar vor der Reife noch trocken werdend. Beeren sind meist vielsamig.

Steinfrucht: Die Fruchtwand ist in eine steinharte Innenschicht (Stein, Steinkern) und eine saftige oder doch wenigstens fleischige Außenschicht gegliedert.

Fruchtblättern. Jedes Fruchtblatt bildet dann eine Teilfrucht (ein Früchtchen, z.B. die Nüsschen des Hahnenfußes). Bei den Sammelfrüchten im eigentlichen Sinne werden alle Früchtchen einer Blüte zu einer Ausbreitungseinheit zusammengehalten wie z.B. bei der Rose (Hagebutte), bei der die Nüsschen in der fleischigen Blütenachse vereinigt werden. Him- und Brombeeren sind Sammelsteinfrüchte.

Farne, Bärlappe und Schachtelhalme sind keine Samenpflanzen, sondern Sporenpflanzen. Die an sporenbildenden Blättern in Sporenbehältern (Sporangien) produzierten Sporen dienen zwar wie die Samen der Vermehrung und Ausbreitung. Bei ihrer Entstehung kommt es jedoch nicht zu einem geschlechtlichen Vorgang mit Verschmelzung zweier Zellkerne (siehe auch Erklärungen im Versuch zu den geheimnisvollen Farnsamen), sondern sie entwickeln sich zu so genannten Vorkeimen, auf denen die Geschlechtszellen gebildet werden. Sporen sind ähnlich klein und leicht wie Pollenkörner und können über die Luft oft viele Kilometer weit transportiert werden.

# Bananensplit in einer ungeöffneten Bananenfrucht

## Benötigtes Material

Reife, nach Möglichkeit dunkel gefleckte Banane (*Musa x paradisiaca*); lange Stopfnadel.

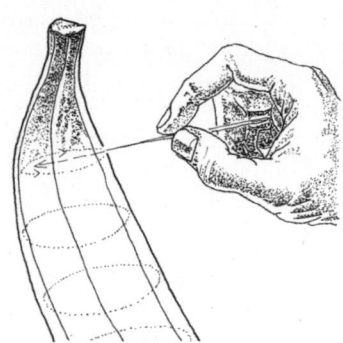

## Die Banane wird von außen nicht erkennbar zerschnitten

Das Zerteilen des Fruchtfleisches der ungeöffneten Banane in kleine Häppchen ist am unauffälligsten, wenn man eine sehr reife Banane verwendet, die außen braun punktiert ist. Mit einer sauberen Nadel sticht man im Bereich der braunen Flecken durch die Schale tief in das Fruchtfleisch hinein. Durch kreisende Bewegungen wird das weiche Fruchtfleisch quer geteilt, ohne dass dabei die Schale verletzt wird. Man kann auf diese Weise die Banane im Abstand von etwa einem Zentimeter in Scheibchen zerteilen. Wird sie nun vor Zuschauern gepellt, sind diese meist sehr überrascht, schon mundgerecht zurechtgeschnittene Bananenstückchen vorzufinden. Wird die Nadel nicht quer zur Längsachse, sondern parallel zu ihr bewegt, kann man mit etwas Übung die Banane in zwei Längshälften teilen. Das Bananensplit ist bereits in der Schale fertig!

## Was für eine Frucht ist die Banane?

Für ein unsichtbares Zerteilen ist die Banane besonders gut geeignet, da ein weiches, kernloses Fruchtfleisch von einer derben Schale umgeben ist. Die Banane ist eine Beerenfrucht. Bei Beeren bleiben auch die reifen, steinharten Samen (allerdings bilden nur Wildbananen Samen!) von der Fruchtwand umschlossen; es handelt sich also um eine Schließfrucht. Die weichen Beeren werden von Tieren gern gefressen. Die Samen überstehen die Magen-Darm-Passage ohne Schaden und werden andernorts von den Tieren wieder ausgeschieden.

*Alter: 6–10 J.; ganzjährig, im Haus und draußen; Dauer: 10 Min.*

## Ergänzungen und weiterführende Versuche

Nicht bei allen Früchten ist das Fruchtfleisch so angenehm weich wie bei der Banane. In der Birne beispielsweise liegen im Gewebe des Fruchtfleisches kleine Nester aus verholzten Steinzellen. Man spürt sie beim Genuss einer Birne wie kleine Körnchen auf der Zunge. Wird ein dünnes Stück Fruchtfleisch der Birne unter dem Mikroskop betrachtet, sind die Steinzellen an ihren dicken Zellwänden gut zu erkennen. Früchte der Wildbirne sind für den Menschen kaum essbar, da sie fast ausschließlich aus Steinzellen bestehen und entsprechend steinhart sind. Ähnlich verhält es sich mit Quitten, die zwar saftig aussehen, jedoch nur gekocht z.b. in Form von Gelee genießbar sind.

## Schon gewusst?

Immer wieder fragt man sich, warum die Banane eigentlich krumm ist. Die Bananenstaude bildet große, hängende Blütenstände. Zwischen dunkelroten Tragblättern entwickeln sich kleine, weißliche Blüten. An der Basis des Blütenstands befinden sich weibliche Blüten in Gruppen von 14–18 Exemplaren, darüber folgen oft Zwitterblüten und an der hängenden Spitze stehen männliche Blüten. Die Blüten werden im Blütenstand bestimmten Tieren (Fledermäusen) angeboten, die dann für die Bestäubung sorgen. Sie wachsen deshalb bogenförmig zwischen den roten Tragblättern hervor. Während die jungen Früchte heranwachsen, biegen sie sich dem Licht entgegen. Diese Krümmung bleibt bis zur Fruchtreife erhalten. Das Wort Banane ist von dem arabischen Ausdruck für Finger abgeleitet, denn die Früchte, die aus den Blüten in der Achsel eines gemeinsamen Tragblattes hervorgehen, werden als Hand bezeichnet, deren einzelne Früchte die Finger darstellen. Die Bananenbündel, die bei uns verkauft werden, sind Teile solcher vielfrüchtigen Bananenhände.

## Wo gibt's die Zutaten?

Bananen und geeignete Nadeln sind meist im Haushalt vorhanden.

## Literatur

Bärtels: *Farbatlas Tropenpflanzen* • Lötschert, Beese: *Pflanzen der Tropen*
Lück: *Von Abalone bis Zuckerwurz* • Page: *The joker's handbook*
Rauh: *Morphologie der Nutzpflanzen* • Schneider: *Tropische Pflanzen im Tropenhaus des Botanischen Gartens der Universität Basel*
Steinecke, H.: *Von Ananas bis Zimt* • Wirth: *Bilder aus der Pflanzenwelt*

# Von süßen und faden Bananen

## Benötigtes Material

Je eine reife Koch- und Obstbanane (*Musa x paradisiaca*); Kartoffel (*Solanum tuberosum*); Jod-Jod-Kaliumlösung (=Lugolsche Lösung).

## Stärketest mit Koch- und Obstbanane

Zum Einstieg und Kennenlernen des Stärketestes sollte er zunächst an einer halbierten Kartoffel ausprobiert werden, da die stärkereiche Kartoffelknolle ein homogenes Gebilde ist. Nach Bestreichen der Schnittfläche mit Lugolscher Lösung färbt sie sich sofort dunkelviolett, enthält also Stärke.

Anschließend werden Querschnitte sowie mittige Längsschnitte von Koch- und Obstbananen angefertigt. Die Schnittflächen werden mit der Lugolschen Lösung bestrichen. Das Ergebnis zeigt sich schnell. Kochbananen-Stücke beider Schnittrichtungen färben sich dunkel, der Stärketest fällt also positiv aus. Ein mittiger Längsschnitt der reifen Obstbanane bleibt dagegen mehr oder weniger hell. Im Querschnitt sind die zentralen Bereiche des Fruchtfleisches der Obstbanane hell, nur etwa das äußere Drittel des Querschnittes färbt sich etwas violett.

## Was ist der Unterschied zwischen Koch- und Obstbananen?

Essbare Bananen unterteilt man in Obstbananen (früher als *Musa sapientium* bezeichnet) und Koch- oder Stärkebananen (früher als *Musa paradisiaca* bezeichnet) ein. Angebaut werden heute Hybriden zwischen *Musa acuminata* und *Musa balbisiana* (*Musa x paradisiaca*), zahlreiche Sorten sind in Kultur. Bananenfrüchte enthalten neben ihrem hohen Kohlenhydratanteil reichlich Vitamin C. Mehl- oder Kochbananen schmecken im rohen Zustand fade und nicht süß, da die Stärke selbst in der reifen Frucht nicht in Zucker umgewandelt wird. Der Stärketest fällt deshalb positiv aus. Kochbananen werden vor allem in den Tropen gerne gekocht, gebraten, geröstet oder zu Brei oder Mehl verarbeitet. In Europa spielen Kochbananen nur eine unwesentliche Rolle. Bei den Obstbananen wird die Stärke während der Reifung zu einem großen Teil in Zucker umgewandelt, weshalb der Stärketest negativ ausfällt. Die reifen Früchte werden aufgrund ihrer Süße meist roh gegessen.

*Alter: 10–16 J.; ganzjährig, im Haus; Dauer: 10 Min.*

## Ergänzungen und weiterführende Versuche

Der Stärketest fällt nicht nur bei Koch- und Obstbananen unterschiedlich aus. Wenn Obstbananen noch grün und unreif sind, ist erst wenig Stärke in Zucker umgewandelt. Dies lässt sich leicht nachweisen, indem man den Stärketest an grünen, harten Bananen durchführt. Entsprechend lässt sich auch der süße Geschmack bzw. eigentlich besser das Fehlen von Stärke in den kleinen Zwergbananen von den Kanarischen Inseln im Test bestätigen. Die reifen Früchte sind sehr süß, enthalten dementsprechend viel Zucker und kaum Stärke und färben sich daher nur schwach blau. Die kleinen Bananen werden im Handel auch im unreifen, grünen und stärkereichen Zustand angeboten.

## Schon gewusst?

Betrachtet man einen Querschnitt durch eine Kultur-Banane, fallen in der Mitte winzige Körnchen auf. Es handelt sich um Reste der verkümmerten Samenanlagen. Bei den Kulturbananen entwickeln sich die Früchte auch ohne Befruchtung der Samen, weshalb man von Jungfernfrüchtigkeit (Parthenokarpie) spricht. Würden sich die zahlreichen kantigen und steinharten Samen in den Früchten entwickeln, wäre das für den Verzehr sehr unpraktisch. Die Früchte der Wildbananen dagegen bilden Samen, nachdem die Blüten von Fledermäusen bestäubt wurden.

## Wo gibt's die Zutaten?

Obstbananen bekommt man in jeder Lebensmittelabteilung, Kochbananen in gut sortierten Südfruchtläden, asiatischen Lebensmittelgeschäften oder speziellen Märkten; im Rhein-Main-Gebiet z.B. in der Frankfurter Kleinmarkthalle. Lugolsche Lösung erhält man im Laborchemikalienhandel oder in der Apotheke.

## Literatur

Franke: *Nutzpflanzenkunde* • Steinecke, H.: *Von Ananas bis Zimt*

# Rote Gesichter schminken mit Bixa-Samen

## Benötigtes Material

Samen des Anatto-Strauches (*Bixa orellana*); Porzellanschale; Löffel; Pinsel; Speiseöl.

Vorsicht: Achioteflecken auf der Kleidung sind kaum auszuwaschen!

### Bixa-Samen werden aufgeweicht

Die etwa 2 mm großen, rundlichen Samen sind ziegelrot gefärbt. Werden sie eine Weile in ein kleines Gefäß mit Wasser gelegt, weichen sie auf und können auf der Haut zerrieben werden; sie hinterlassen eine breite rote Spur. Besser löst sich der Farbstoff allerdings in Fett. Einige Samen können deshalb gut in einem kleinen Schälchen mit etwas Pflanzenöl zermörsert oder zerquetscht werden. Es entsteht eine zähflüssige, rote Masse. Diese kann man mit den Fingern oder einem Pinsel auf die Haut auftragen. Es ist sehr lustig, wenn man sich gegenseitig die Arme, vielleicht sogar mit indianischen Motiven, bemalt. Die Engländer nennen das Gehölz treffend »Lipstick tree«, also Lippenstift-Baum.

### Wie sieht der Anatto-Strauch aus?

*Bixa orellana* wird auch als Achiote (spanisch), Onoto (indianischer Name), Bixa, Anatto, Ruku- oder Orleanstrauch bezeichnet. Das Gehölz stammt aus dem tropischen Amerika und wird heute in vielen Gebieten der Tropen kultiviert. Die Sträucher oder kleinen Bäume haben herzförmige Blätter und rosarote Blüten. Ihre bestachelten Fruchtkapseln enthalten zahlreiche Samen, deren Schale eine fleischige, rot gefärbte Außenschicht aufweist. Diese enthält den mit Karotin verwandten Farbstoff Bixin (auch Anatto, Orlean).

### Ergänzungen und weiterführende Versuche

Der rote Farbstoff ist ein beliebter Lebensmittelfarbstoff. Gibt man die in Öl zerriebenen Samen zu Reis, färbt sich dieser rot. *Bixa*-Samen sind sehr verträglich.

*Alter: 6–10 J.; ganzjährig, im Haus und draußen; Dauer: 15 Min.*

## Schon gewusst?

Im amazonischen Tiefland von Ecuador wird der rote Farbstoff auf verschiedene Weise zu festlichen und rituellen Anlässen verwendet. Bei den Quichua hat die Körperbemalung (mit dem roten Farbstoff aus den *Bixa*-Samen) eine kulturelle Bedeutung. Heute allerdings pflegen nur noch wenige ältere Quichua täglich ihre traditionelle Gesichtsbemalung. Zu Festen und Demonstrationen in der Provinz- oder Hauptstadt versammeln sich jedoch Jung und Alt in traditioneller Kleidung und Bemalung. Eine ecuadorianische Volksgruppe in Santo Domingo de los Colorados wird wegen ihrer intensiven Nutzung der Bixa-Farbe als Colorados (spanisch für »die Farbigen«) bezeichnet.

Bei den Huaorani reiben Mütter die Füße ihrer Neugeborenen mit Achiote ein, was Glück bringen und stark machen soll. Einer Untergruppe der Huaorani hat dieses Ritual den Namen »Patas rojas« (rote Füße) eingebracht. Im Gegensatz zu den Quichua bemalen die Huaorani Gesicht und Körper seit Generationen mit Achiote. Besonders ausgeprägt ist dies bei der Vorbereitung großer Feste und wenn die Männer zur Jagd ziehen. Auch die Speere der Huaorani werden zur Verzierung manchmal mit der fetten roten Farbe eingestrichen.

## Wo gibt's die Zutaten?

Der *Bixa*-Strauch ist in Südamerika beheimatet. Die Samen bekommt man bei uns gelegentlich in asiatischen Lebensmittelläden oder in gut sortierten Gewürzgeschäften, da sie zum Färben von Reis verwendet werden. Die übrigen Materialien sind meist im Haushalt vorhanden.

## Literatur

Franke: *Nutzpflanzenkunde*
Reinhardt, Lunnebach, Steinecke, Bayer: *Sacha Runa*

# Die hungrigen Getreidekeimlinge

## Benötigtes Material

Haushaltsstärke (Kartoffel- oder Maisstärke); Gerstenkörner (*Hordeum vulgare*); flache Schale (z.B. Petrischale); Lugolsche Lösung; kleiner Schmelztiegel.

## Keimende Körner werden auf einen Stärke-Boden gelegt

Etwa ein oder zwei Tage vor Versuchsbeginn werden die Gerstenkörner in Wasser angequollen. Die Haushaltsstärke wird in einem kleinen Tiegel mit Wasser aufgekocht und mit etwas Lugolscher Lösung vermischt, sodass sich die Stärkemasse dunkelblau färbt. Der noch flüssige Stärkebrei wird anschließend in eine Petrischale gegossen. Es ist auch möglich, die ungefärbte Stärke nach dem Ausgießen in einer Schale durch Bepinseln der obersten Schicht mit Lugolscher Lösung blau zu färben. Wenn die Stärke fest geworden ist und sich abgekühlt hat, werden einzelne gequollene bzw. bereits angekeimte, der Länge nach halbierte Gerstenkörner mit der Bruchseite auf den Stärkeboden gelegt. Damit die Stärke im weiteren Verlauf des Versuchs nicht austrocknet und reißt, sollte man sie mit einem passenden Deckel oder einer Plastikfolie abdecken bzw. in einen Gefrierbeutel stellen.

Es ist ideal, die Körner abends auf die gefärbte Stärke zu legen, denn dann kann man das Ergebnis bereits am nächsten Morgen beobachten. Um die Stärkekörner hat sich ein weißer Hof gebildet, auch unter den Körnern ist die Stärke nahezu entfärbt.

---

*Alter: 10–16 J.; ganzjährig, im Haus; Dauer: 2 Tage (mit Vorbereitung)*
*Hilfe eines Erwachsenen erforderlich!*

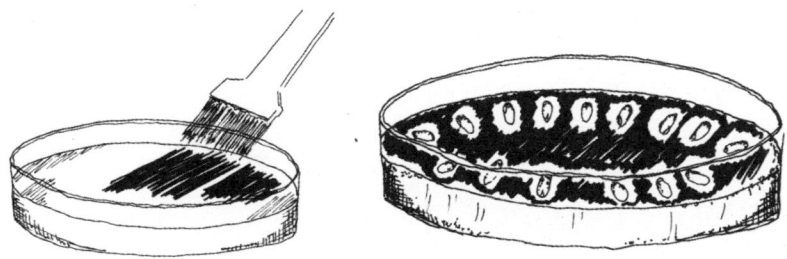

## Warum verschwindet die blaue Farbe?

Die Lugolsche Lösung färbt Stärke, nicht jedoch Zucker blau. Wenn die Getreidekörner in Kontakt mit Wasser kommen, quellen sie auf. Es werden Enzyme aktiviert, die Stärke und Eiweiße in kleinere Einheiten aufspalten; es entstehen Zucker und Aminosäuren, die dem wachsenden, nährstoffbedürftigen Embryo zugeführt werden. Durch Halbieren der Körner können die Enzyme mit der Stärke in der Petrischale in Kontakt treten und sie zu Zucker abbauen. Dort, wo Stärke in Zucker umgewandelt wurde, entsteht ein weißer Fleck.

## Ergänzungen und weiterführende Versuche

Frisch eingeweichte und halbierte Getreidekörner werden mit Lugolscher Lösung gefärbt. Der Mehlkörper färbt sich blauschwarz. Da der kleine, seitlich liegende Embryo keine Stärke enthält, hebt er sich von dem Nährgewebe hell ab.

## Schon gewusst?

Gerstenkörner bauen Stärke besonders schnell ab. Das macht man sich im Brauereiwesen zunutze. Im Korn wird das Enzym Amylase gebildet, das die Stärke in Malzzucker spaltet, sodass zunächst die so genannte süße Würze entsteht. Diese wird gereinigt und mit Hopfen zur bitteren Würze gekocht. Durch anschließendes Zugeben von Hefe entsteht aus dem Zucker durch alkoholische Gärung Alkohol, eine wichtige Grundlage für die Bierherstellung.

## Wo gibt's die Zutaten?

Haushaltsstärke (z.B. Mondamin) kann man sich im Supermarkt besorgen. Lugolsche Lösung bekommt man in der Apotheke und keimfähige Gerstenkörner im Reformhaus, in Bioläden oder in der »Bio-Ecke« von Supermärkten.

## Literatur

Baer: *Biologische Versuche* • Molisch: *Botanische Versuche und Beobachtungen* • Steinecke, H.: *Korn – Brot, Getreide, Gräser* • Stützel: *Botanische Bestimmungsübungen*

# Platzende Kirschen und saftende Radieschen

## Benötigtes Material

Einige reife Kirschen (*Prunus cerasus* oder *P. avium*); 1 Glas mit destilliertem Wasser (notfalls auch Leitungswasser); frische Radieschen (*Raphanus sativus*); Kochsalz; Briefwaage.

Ist gerade keine Kirschenzeit, kann der Versuch auch mit Roten Johannisbeeren ausprobiert werden.

## Die Kirschen werden prall

In das mit destilliertem Wasser gefüllte Glas werden mehrere Kirschen gelegt. Man lässt sie 12–24 Stunden in dem Glas liegen und untersucht sie am nächsten Tag. Dann sind die Kirschen aufgequollen oder geplatzt.

## Warum dringt Wasser in die Kirschen ein?

Die äußere Schicht der Fruchtwand umgibt als feste Haut die Kirsche und das so geschätzte wohlschmeckende zucker- und wasserhaltige Fruchtfleisch. Die Haut der Kirsche ist eine halbdurchlässige Schicht, durch die zwar die kleinen Wassermoleküle, nicht jedoch die größeren Zuckerteilchen aus dem Fruchtfleisch gelangen können. Ähnliche Verhältnisse liegen auch bei den einzelnen Zellen im Fruchtfleisch der Kirsche vor, denn sie sind ebenso von einer halbdurchlässigen Membran (Plasmalemma) umgeben. Da die süße Kirsche viel Zucker enthält, kommt es aufgrund von Osmose zu einem Konzentrationsausgleich, d.h. Wassermoleküle dringen in das Innere der Kirsche ein, während Zuckermoleküle nicht heraus können. Die Kirsche nimmt Wasser auf und wird prall. Kann die Haut der Kirsche dem steigenden Druck nicht mehr standhalten, platzt sie.

*Alter: 6–16 J.; Sommer und Herbst, im Haus; Dauer: ein halber Tag*

## Ergänzungen und weiterführende Versuche

Theoretisch müssten die Kirschen schrumpfen, wenn man sie in konzentrierte Zucker- oder Salzlösung legt. Leider misslingt der Versuch meist, da die Haut der Kirsche sehr fest ist. Besser geeignet sind Radieschen. Mit einem Apfelgehäusebohrer oder Messer höhlt man die Radieschen kreisförmig etwa einen halben Zentimeter tief aus. Die Höhlung wird mit Kochsalz aufgefüllt. Kurze Zeit später tropft aus der Radieschenknolle Wasser heraus. Will man den Wasserverlust genauer dokumentieren, wiegt man etwa 10 ausgehöhlte Radieschen vor der Füllung mit Salz und ein zweites Mal, nachdem sie »Wasser gelassen« haben und durch Abspülen von Salzresten befreit wurden.

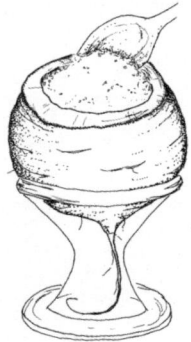 

## Schon gewusst?

Schon manch ein Gartenbesitzer hat sich darüber geärgert, dass an seinem reichlich fruchtenden Kirschbaum nach einem kräftigen Gewitterregen alle Kirschen geplatzt und dadurch verdorben sind. Das Platzen wird nicht unbedingt, wie man vielleicht zunächst meinen könnte, durch den mechanischen Aufprall dicker Tropfen verursacht. Vielmehr laufen die gleichen osmotischen Vorgänge wie im oben beschriebenen Versuch ab, in dem das Regenwasser im Zuge des Konzentrationsausgleichs in das zuckerwasserhaltige Gewebe der Kirsche eindringt. Durch die Risse in der Fruchtwand können später schnell Pilze in die Frucht eindringen, sodass sie bald verschimmelt. Die Früchte schmecken zudem leicht wässrig.

Übrigens, nicht nur bei Kirschen kann ionenarmes bzw. destilliertes (ionenfreies) Wasser zu Schäden führen. Auch beim Menschen wirkt destilliertes Wasser nach dem Trinken wie ein Gift, da hier ähnlich wie bei der Kirsche auf osmotischem Wege die Gewebe des Verdauungstraktes zu viel

Wasser aufnehmen und geschädigt werden. Es ist deshalb auch davon abzuraten, Gletscherwasser, das kaum Teilchen enthält und destilliertem Wasser nahe kommt, zu trinken. Umgekehrt ist es auch nicht ratsam, sich sehr lange in Salzwasser aufzuhalten. Im Meereswasser wird der Haut Feuchtigkeit entzogen und sie wird faltig.

## Wo gibt's die Zutaten?

Destilliertes Wasser bekommt man für Bügeleisen. Kirschen wachsen in vielen Gärten. Zur Kirschenzeit sind sie auch überall, wo es Lebensmittel gibt, erhältlich. Außerhalb der Kirschenzeit gibt es in Feinkostläden aus Ländern auf der Südhalbkugel importierte Kirschen zu kaufen.

## Literatur

Molisch: *Botanische Versuche und Beobachtungen*
Sitte et al.: *Lehrbuch der Botanik*

# Bohnen und Linsen als Sprengstoff

## Benötigtes Material

Glasgefäße mit Schraubverschluss (z.B. Marmeladenglas oder Glasröhrchen zur Verpackung von Vanilleschoten); etwas größere Plastikschüssel; weiße Bohnensamen (*Phaseolus vulgaris*) oder Linsen (*Lens culinaris*).

## Bohnen und Linsen sprengen das Glas

In ein Schraubglas oder Vanilleröhrchen werden bis fast zum Rand Bohnen oder Linsen gegeben. Danach wird das Glas mit Wasser aufgefüllt und der Deckel fest geschlossen. Schon bald beginnen die Samen zu quellen und werden deutlich dicker. Nach 1–2 Tagen ist der Druck im Glas so groß geworden, dass das Glas gesprengt wird und an einem Riss auseinander fällt. Es ist deshalb sinnvoll, das mit Bohnen oder Linsen gefüllte Glas vor Versuchsbeginn in eine Plastikschüssel zu stellen, damit man das geplatzte Glas und die Samen nach Versuchsende besser wegräumen kann.

## Warum nehmen Bohnen und Linsen so viel Wasser auf?

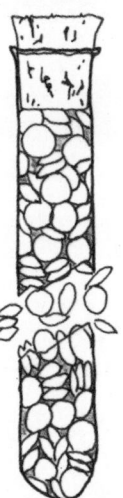

Reife Samen (in diesem Fall die Bohnen und Linsen) befinden sich in einem inaktiven Ruhezustand mit sehr geringem Wassergehalt. Die harte Schale schützt den Samen und den darin verborgenen Embryo. Erst wenn geeignete Keimungsbedingungen herrschen und genug Wasser vorhanden ist, nehmen die Samen zunächst durch Quellung von Plasma und Zellwänden passiv sehr viel Wasser auf. Dabei lagern sich Wassermoleküle an die schwach elektrisch geladenen Teilchen im Quellkörper an. Durch das Quellen wird der Stoffwechsel im Samen angeregt und die Keimung aktiviert. Eine Erbse kann bis zu 100 % ihres Trockengewichtes an Wasser aufnehmen.

Jetzt lässt sich auch die Frage beantworten: Warum sind Kleinkinder gefährdet, wenn sie beim Spielen Erbsen in die Nase stecken?

*Alter: 6–10 J.; ganzjährig, im Haus; Dauer: 2 Tage (mit Vorbereitung und Wartezeit)*

## Ergänzungen und weiterführende Versuche

Wenn Samen oder Früchte quellen und dabei Wasser aufnehmen, werden sie deutlich weicher. Man kann z.B. Maiskörner anquellen lassen. Während man sie in trockenem Zustand nicht mit einer Nadel durchbohren kann, ist das mit gequollenen Körnern möglich. Auf diese Weise kann man sie auf einem Faden zu einer Kette auffädeln. Die Kette ist als Schmuck zu verwenden, wenn die Körner wieder trocken und entquollen sind.

Auch beim Kochen kann man sich diesen Vorgang zunutze machen: Vorgequollene Hülsenfrüchte (zu denen ja auch die Bohnen gehören) brauchen im Vergleich zu ungequollenen eine erheblich geringere Kochzeit.

Mit quellenden Erbsen kann ein unheimliches »Geisterklicken« erzeugt werden. Ein Glas wird randvoll mit Erbsen gefüllt. Anschließend wird so viel Wasser wie möglich dazu gegeben. Nun kann man das Erbsenglas in einen Kochtopf stellen und diesen unter einem Bett oder in einer Ecke des Zimmers verstecken. Nach etwa 2 Tagen (vorher testen!) sind die Erbsen so stark gequollen, dass sie von oben aus dem Glas herauskullern und dabei ein klickendes Geräusch im Topf erzeugen.

## Schon gewusst?

»Kleine Explosionen« im Pflanzenreich sind nicht nur künstlich wie hier im Glas mittels quellender Samen zu erzeugen. Natürlich auftretende Explosionen im Pflanzenreich sind von unterschiedlichen Arten bekannt. Zudem sind verschiedene Mechanismen daran beteiligt. Oft dienen Explosionsmechanismen der Ausbreitung von Samen. Ein bekanntes Beispiel ist die im Mittelmeergebiet beheimatete Spritzgurke (*Ecballium elaterium*). Dieses Kürbisgewächs bildet elliptische Beerenfrüchte, die zur Reifezeit unter großer Spannung stehen. Eine leichte Berührung der Früchte reicht aus, dass die von einer Schleimschicht umgebenden Samen plötzlich ausgeschleudert und an vorbeikommenden Tieren festgeklebt werden. Diese »Geschosse« können mehrere Meter weit fliegen. Bekannt sind auch die unter Spannung stehenden Früchte des Springkrautes (*Impatiens noli-tangere*), die bei Berührung aufplatzen und die Samen meterweit fortschleudern.

## Wo gibt's die Zutaten?

Die Zutaten sind meist bereits im Haushalt vorhanden oder leicht in jedem Supermarkt zu bekommen.

## Literatur

Baer: *Biologische Versuche* • Molisch: *Botanische Versuche und Beobachtungen* • Ridley: *The dispersal of plants* • Saan: *365 Experimente für jeden Tag* • Schubert: *Zaunrübe und Spritzgurke*

# Das Gesicht der Kokosnuss

## Benötigtes Material

Frische Kokosnuss (*Cocos nucifera*), die im Innern noch das flüssige Kokoswasser enthält, was man durch Schütteln nachweisen kann; Blatt Papier; etwa hühnereigroßer Kieselstein (nicht splitternd) oder Hammer; Nagel oder Streichholz; Trinkhalm.

## Die Kokosnuss wird geknackt

Wenn reife Kokosnüsse noch frisch sind, enthalten sie im Innern das flüssige, trinkbare Kokoswasser. Um an das feste Kokosfleisch zu kommen, kann man die Kokosnuss öffnen, indem sie auf einen Steinfußboden geworfen oder mit einem Hammer mit gezieltem Schlag zertrümmert wird. Das Öffnen ist aber auch mit etwas Glück eleganter möglich.

An das Kokoswasser kann man auf folgende Weise gelangen: An einem Ende der Kokosnuss befinden sich drei Poren, die ähnlich wie auf einem Gesicht angeordnet sind: zwei etwas enger beieinander liegende, kleinere Poren (»Augen«) und eine etwas größere Pore, die dem »Mund« entspricht. Mit einem Streichholz kann nun versucht werden, die beiden »Augen« einzudrücken – vergeblich, die Poren sind fest verschlossen. Dagegen ist es kinderleicht, mit einer dickeren Nadel oder einem Streichholz die größere Pore zu öffnen. Die Öffnung ist gerade groß genug, um einen Trinkhalm hindurchzustecken und das Kokoswasser auszutrinken.

Will man nun die Kokosnuss anschließend ganz öffnen, kann man das mit etwas Glück mit einem Stein tun. Bitte nicht enttäuscht sein, wenn diese Öffnungsmethode nicht immer funktioniert, denn bei älteren Nüssen ist die Schale zu hart und manche Steine sind so ungünstig geformt, dass der entsprechende Druck auf die Schale nicht ausgeübt werden kann. Die Kokosnuss wird so in die linke Hand gelegt, dass man in ihr »Gesicht« schaut. Anschließend schlägt man ihr mit dem Stein knapp über den Poren kräftig auf die Schale. Dabei platzt diese

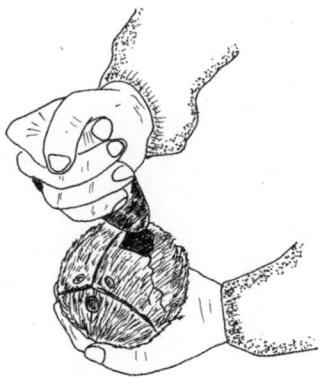

*Alter: 6–10 J.; ganzjährig, im Haus und draußen; Dauer: 15 Min. Hilfe eines Erwachsenen erforderlich!*

auf. Bevor das Kokosfleisch verzehrt wird, sollte ein Stück davon auf ein Papier gedrückt werden – ein Fettfleck bleibt zurück. Dies ist ein Zeichen für den hohen Fettgehalt bzw. Nährwert der Kokosnuss.

## Warum lässt sich die Kokosnuss nur an der »Mundpore« öffnen?

Die Kokosnuss ist keine Nussfrucht, sondern eine Steinfrucht wie z. B. auch die Kirsche. Während das Fruchtfleisch der Kirsche allerdings saftig ist, ist es bei der Kokosnuss faserig und trocken. Die äußerste grüne Schicht (Exokarp) der Fruchtwand ist dünn und ledrig, die mittlere Schicht (Mesokarp) faserig und luftig und trägt zum guten Schwimmvermögen der Kokosfrüchte bei. Die im Handel angebotene Kokosnuss ist im botanischen Sinn der Steinkern, der den Samen enthält. Die Kokosfrucht ist aus drei Fruchtblättern verwachsen, daher auch die drei erkennbaren Nähte auf der Steinschale und die drei Poren. Von den drei angelegten Embryonen wächst nur einer zum fertigen Embryo heran. Dieser liegt unter der größten, dünnwandigen Keimpore. Die Schließhäute der »tauben« Poren sind verholzt. Keimt die Kokosnuss, durchbricht der Embryo die Schließhaut der Pore.

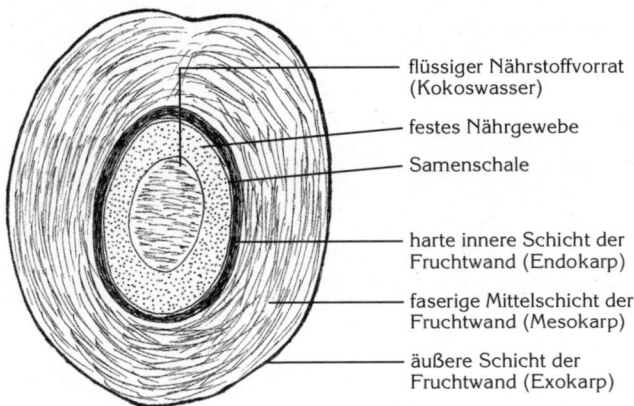

flüssiger Nährstoffvorrat (Kokoswasser)

festes Nährgewebe

Samenschale

harte innere Schicht der Fruchtwand (Endokarp)

faserige Mittelschicht der Fruchtwand (Mesokarp)

äußere Schicht der Fruchtwand (Exokarp)

Schematischer Querschnitt durch eine Kokonuss

Das weiße, wohlschmeckende Nährgewebe im Samen (Kopra) birgt einen guten Energievorrat. Es enthält im reifen Zustand 45 % Wasser, 36,5 % Fett, 4 % Eiweiß, 4,8 % Zucker, 9 % Ballaststoffe sowie 1,2 % Mineralstoffe. So ist es kein Wunder, dass Kopra leicht einen Fettfleck hinterlässt.

Das Fett aus dem Nährgewebe von Palmensamen dient zur Herstellung von Koch- und Bratfett sowie Margarine (daher der Name Palmin). So wird die Kokospalme auch hauptsächlich zur Ölproduktion angebaut.

## Ergänzungen und weiterführende Versuche

Zunächst wird die größte Pore der Kokosnuss angebohrt und das Wasser ausgeschüttet. Danach wird die Kokosnuss ein paar Minuten in den Backofen bei mittlerer Hitze gelegt, wodurch die Schale spröde wird und sich danach besonders leicht aufschlagen lässt. Eleganter ist die Erhitzung für eine kurze Zeit in der Mikrowelle; hierbei wird die Nuss – ohne vorherige Öffnung der Pore – in der Mikrowelle erhitzt. Durch den erhöhten Innendruck reißt die Kokosnuss auf. Einziger Nachteil: Dabei geht meist das Kokoswasser verloren.

## Schon gewusst?

Das Kokoswasser aus unreifen, etwa acht Monate alten »Trinknüssen« deckt einen großen Anteil des Flüssigkeitsbedarfs der Menschen auf vielen Südseeinseln. Man konsumiert dort täglich 3–6 Nüsse. Da die Kokosnüsse mit ihren drei Poren an ein Gesicht erinnern, gibt es verschiedene Legenden, nach denen Menschen oder Tiere in Kokosnüsse verwandelt worden sind. In Zentralafrika heißt es, dass ein tugendhafter Mensch in eine Kokospalme verwandelt worden sei. Die Bengalen glauben, dass die gute Kokosnuss niemandem auf den Kopf fallen kann, weil sie Augen hat.

Übrigens, es kommen weltweit jährlich 15-mal mehr Menschen durch herabfallende Kokosnüsse (150) ums Leben als durch Haiangriffe (10).

## Wo gibt's die Zutaten?

Kokosnüsse kann man zu jeder Jahreszeit im Supermarkt erstehen; auf Weihnachtsmärkten ist die Auswahl an frischen Nüssen oft besonders groß.

## Literatur

Engelhard, Fenner: *Wer hat die Kokosnuß?* • Franke: *Nutzpflanzenkunde* Jones: *Palmen* • Rätsch: *Enzyklopädie der psychoaktiven Pflanzen* Steinecke, H.: *Von Ananas bis Zimt*

# Pflanzliche Rasseln

### Benötigtes Material

Fast reife Fruchtstände des Klappertopfes (*Rhinanthus*-Arten).

### Die Früchte klappern

Die Blüten bzw. Kapselfrüchte des Klappertopfes sind in einer Traube angeordnet. Bisweilen kann diese noch einmal zu einer doppelten Traube verzweigt sein. Schwenkt man einen Zweig mit fast reifen Früchten, in denen die Samen noch enthalten sind, vor dem Ohr, so klappern die kleinen, flachen Samen in den Kapseln auffällig laut.

## Warum rasseln die Samen?

Die Kapselfrüchte werden von einem etwas aufgeblähten Kelch umgeben. Dieser bietet dem Wind eine gute Angriffsfläche, sodass bei stärkeren Luftbewegungen die Fruchtstände im Wind hin und her wehen. Da die abgeflachten und geflügelten Samen locker in der Kapsel liegen, können sie bei Wind leicht ausgestreut und verdriftet werden.

## Ergänzungen und weiterführende Versuche

Die Rasselblume (*Catananche coerulea*), ein strohblumenähnlicher Korbblütler mit blauen Blüten aus dem Mittelmeergebiet, macht ihrem Namen alle Ehre. Stoßen die trockenspelzigen Hüllkelche aneinander, ergibt das ein rasselndes Geräusch. Da kann man natürlich durch Bewegen der Blüten- bzw. Fruchtstängel etwas nachhelfen. Die Pflanze ist eine beliebte Sommerblume für sonnige Beete, Steingärten und Trockenmauern. Es lohnt sich, sie im Garten oder Kübel auf dem Balkon heranzuziehen.

*Alter: 6–10 J.; Sommer und Herbst, draußen; Dauer: 5 Min.*

## Schon gewusst?

Das auffällige Klappern der Samen in den Kapseln hat HEINRICH WAGGERL in seinem Buch „Heiteres Herbarium" beschrieben:

„Was hat der Klappertopf
in seinem hohlen Kopf?
Nur wieder Klappertöpfe,
ihr Plapperköpfe!"

## Wo gibt's die Zutaten?

In Deutschland ist der Kleine Klappertopf (*Rhinanthus minor*) am häufigsten. Er kommt vom Tal bis in Höhen um etwa 2000 m auf mageren Wiesen vor. Typisch sind die gelben Blüten, die zwischen den grünlichen bis blassgelben Tragblättern stehen. Manchmal ist Klappertopf auch an Straßenböschungen eingesät oder Bestandteil von Wildblumenmischungen für den Garten. Durch Herbizideinsatz oder Überdüngung sind die Klappertopf-Arten stellenweise selten geworden, können aber an geeigneten Standorten bisweilen auch in größeren Beständen auftreten oder sind gelegentlich als Zierpflanzen in Blumenmischungen anzutreffen. Die Reife des Fruchtstandes erkennt man daran, dass die Kelche bereits trocken und bräunlich sind. Der Große Klappertopf (*Rhinanthus angustifolius*) wurde zur Blume des Jahres 2005 gewählt.

## Literatur

Düll, Kutzelnigg: *Taschenlexikon der Pflanzen Deutschlands*
Köhlein, Menzel: *Das neue große Blumenbuch.* • Ridley: *The dispersal of plants* • Waggerl: *Heiteres Herbarium. Blumen und Verse*

# Vom Winde verweht – flugfähige Früchte und Samen

## Benötigtes Material

Früchte von Berg-Ahorn (*Acer pseudoplatanus*), Götterbaum (*Ailanthus altissima*), Linde (*Tilia cordata*) und je nach Verfügbarkeit weitere flugfähige Früchte und Samen; Schere; Papier.

## Das Modell wird gefaltet

Nach der hier abgedruckten Vorlage wird ein Papierstreifen von etwa 10 cm Länge und 3 cm Breite ausgeschnitten. Der Streifen wird auf der einen Seite längs bis zu ca. 1/3 der Länge eingeschnitten. In der Mitte werden 2 kleine Querschnitte angebracht. Nun können die Seiten eingeklappt werden, sodass ein 3fach verstärkter Stiel entsteht. Die eine Hälfte der eingeschnittenen Seite wird nach vorne, die andere nach hinten geklappt, sodass 2 Propellerflügel entstehen. Das Modell eines fliegenden Samens oder einer Flugfrucht ist fertig. Lässt man es aus Überkopf-Höhe fallen, schwebt es rotierend zu Boden. Noch besser schickt man die Flieger von einer Brücke oder einer Treppe aus auf Reisen. Im Vergleich dazu lässt man echte Früchte mit Flügeln (z.B. Ahorn, Linde) oder Haarschirmen (z.B. Löwenzahn, Wiesenbocksbart) fliegen und vergleicht die Flugbewegungen.

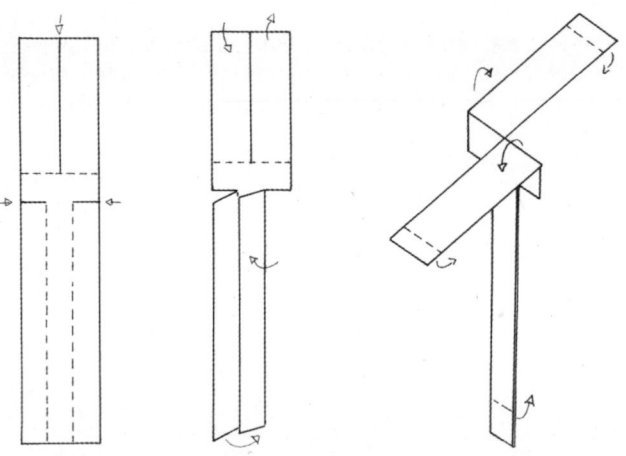

*Alter: 6–10 J.; Sommer und Herbst, im Haus; Dauer: 30 Min.*

## Wie werden Samen und Früchte durch den Wind ausgebreitet?

Aus der Blüte bildet sich nach der Befruchtung die Frucht mit einem oder mehreren Samen. Im Samen befindet sich der Embryo. Für die Erhaltung und Ausbreitung der Pflanzenart ist es wichtig, dass der Same ideale Keimungsbedingungen findet. Je weiter der Kreis einer möglichen Ausbreitung ist, desto besser sind die Chancen, auf solche zu treffen. Außerdem wäre es nicht sinnvoll, wenn alle Samen annähernd am gleichen Wuchsort keimen, da die Keimlinge sich gegenseitig Konkurrenz machen würden. Die Ausbreitung von Samen und Früchten kann auf ganz verschiedene Art und Weise erfolgen.

Das gebastelte Flugsamenmodell ist solchen Früchten oder Samen ähnlich, die durch den Wind ausgebreitet werden. Flügel – wie die gebastelten Papierpropeller – haben z.B. die Früchte oder Fruchtstände von Ahorn (*Acer*) und Linde (*Tilia*).

Andere Ausbreitungseinheiten bilden Schirme oder Haarkränze aus; die Früchte oder Samen werden wie ein Fallschirm durch die Luft getragen. Beispiele hierzu sind Löwenzahn/Pusteblume (*Taraxacum*), Kratzdistel (*Cirsium*) und viele andere Arten aus der Familie der Korbblütler. Auch Federschweifflieger mit haarigen, verlängerten Griffeln wie bei der Küchenschelle (*Pulsatilla*) und Waldrebe (*Clematis*) fliegen gut.

Manche Samen sind so klein und leicht, dass sie auch ohne spezielle Ausbildungen vom Wind weit getragen werden (Orchideen, Brennessel).

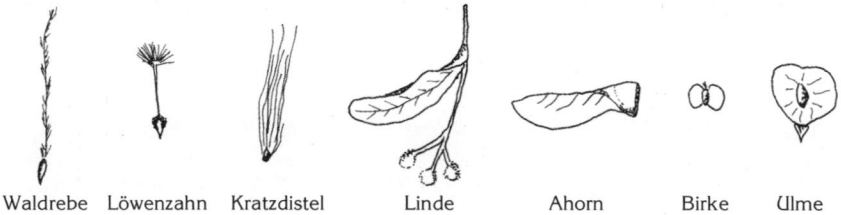

Waldrebe    Löwenzahn    Kratzdistel        Linde        Ahorn        Birke     Ulme

## Ergänzungen und weiterführende Versuche

Mit etwas Phantasie können verschiedene Typen von windausgebreiteten Samen oder Früchten nachgebaut werden; ein Fallschirmflieger lässt sich z.B. aus einer Styroporkugel und Daunenfedern konstruieren; ein Fallschirm kann aber auch aus einem Taschentuch gebastelt werden, das man an allen vier Ecken knotet. An den Knoten werden vier Fäden befestigt, die alle an einem einzigen Stöckchen festgeknotet werden. Es lässt sich selbst aus einem einfachen Papierstreifen, der an beiden Enden eingeschnitten und zusammengesteckt wird, ein gutes Flugobjekt bauen, das sich im Flug wie eine Frucht des Götterbaumes quer um die eigene Achse dreht. Interessant ist es auch, zu testen, wie die Flugeigenschaften des oben beschriebenen Modells von der Flügellänge abhängen.

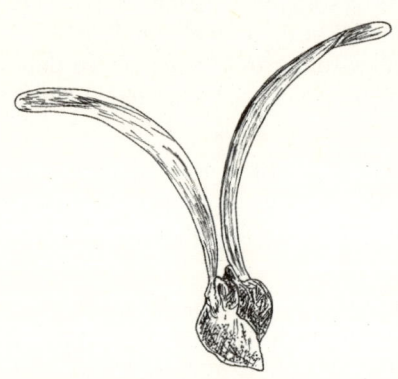

## Schon gewusst?

Besonders große flugfähige Samen und Früchte gibt es in den Tropen. Die Dipterocarpaceae (Zweiflügelfruchtgewächse) sind eine Pflanzenfamilie aus Südostasien, zu der sehr hohe Bäume gehören. Ihre einsamigen Nussfrüchte werden von einem geflügelten Kelch eingeschlossen. Die Früchte von *Dipterocarpus* entwickeln zwei Flügel, bei *Shorea* sind drei Flügel vorhanden. Die Früchte erinnern im Flug an einen Federball, weshalb sie auch als Federballflieger bezeichnet werden. Das gebastelte Papiermodell ist sehr gut mit einer *Dipterocarpus*-Frucht zu vergleichen.

## Wo gibt's die Zutaten?

Papier und Schere sind im Haushalt vorhanden. Die genannten Bäume werden häufig an Straßen oder in Parks gepflanzt. Die Früchte sind ab Spätsommer oder Herbst für den Versuch verwendbar.

## Literatur

Ehrhardt: *Das große Heinz Erhardt Buch* • Hagemann, Steininger: *Alles was fliegt in Natur, Technik und Kunst* • Paturi: *Geniale Ingenieure der Natur* • Pijl: *Principles of dispersal in higher plants* • Ridley: *The dispersal of plants* • Schmidt, Byers: *Biologie einfach anschaulich*
Schumacher: *Nur Gräser?* • Ulbrich: *Biologie der Früchte und Samen*

# Segelflieger, von Kürbissamen abgeschaut

## Benötigtes Material

*Macrozanonia*-Samen; Birkenfrüchte; Kürbissamen; weißes Seidenpapier; Schere; Klebstoff; Pappe.

## Nachbau eines Macrozanonia-Samens

*Macrozanonia macrocarpa* ist ein Kürbisgewächs aus Südostasien. Die Pflanze rankt mehrere Meter an Bäumen hoch. Ihre rundlichen, kürbisähnlichen Früchte öffnen sich bei der Reife an der Spitze und entlassen ihre papierdünnen, etwa 15 cm langen geflügelten Samen. Der ganze Same wiegt nur etwa 1/4 g. Wegen ihrer Form werden die Samen auch als Schmetterlingssamen bezeichnet. Lässt man sie aus mehreren Metern Höhe fliegen, kommen sie dem Boden langsam kreisend »im Drachenflug« näher. Solch einen *Macrozanonia*-Samen kann man nachbauen, indem der Umriss des Samens nach der hier abgebildeten Schablone aus Seiden- oder Transparentpapier ausgeschnitten wird. In die Mitte der Vorderkante klebt man einen Kürbiskern, der bezüglich seiner Form dem *Macrozanonia*-Samen ohne die Flügel ähnelt. Man kann aber auch einfach ein Pappstückchen in der Form des Kürbissamens auf den Flügel aufkleben. Damit das Modell gut fliegt, sollte man – im Unterschied zum echten *Macrozanonia*-Samen – die hintere Kante etwa einen halben Zentimeter im rechten Winkel nach oben umknicken. Wird das Modell nun von größerer Höhe (z.B. vom Treppenhaus) fliegen gelassen, nähert es sich im kreisenden Flug dem Boden. Im Vergleich dazu kann der Flügel aus festerem Papier ausgeschnitten oder ein Flugsame ohne Kürbiskern getestet werden.

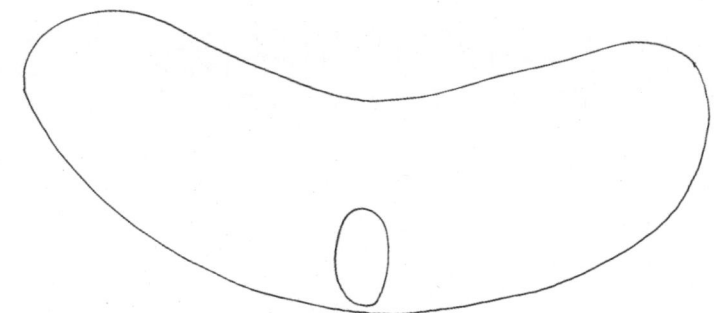

*Alter: 6–10 J.; ganzjährig, im Haus; Dauer: 15 Min.*

## Wozu der sanfte Flug?

Nur das Samenmodell aus Seiden- oder anderem leichten Papier mit Kürbiskern zeigt annähernd Gleitflug. Der Flieger ohne Samen taumelt zu Boden, ohne voran zu kommen, und das schwerere Modell stürzt ab. Es kommt folglich auf ein ausgeglichenes Verhältnis zwischen Fläche und Gewicht des Flügels und dem Gewicht des Samenkorns an. Für die Pflanze ist es sinnvoll, dass der Same möglichst weit fliegen kann, um neue günstige Orte besiedeln zu können.

## Ergänzungen und weiterführende Versuche

Übrigens, solche perfekten pflanzlichen Gleitflieger findet man nicht nur in den Tropen. Die kleinen schuppenförmigen Flugfrüchte der Birke sind ähnlich konstruiert wie die *Macrozanonia*-Samen. Ein Blick durch die Lupe lässt Feinheiten der Birken-Gleitflieger erkennen.

## Schon gewusst?

Vater und Sohn ETRICH untersuchten zu Beginn des 20. Jahrhunderts für die Konstruktion ihres Fluggerätes (die so genannte ETRICH-Taube) verschiedene Flugsamen. Als Vorbild für ihren Drachenflieger nahmen sie schließlich den Samen von *Macrozanonia macrocarpa*. Mit ihrem Fluggerät konnten die beiden ETRICHs bis zu 300 m im Gleitflug zurücklegen.

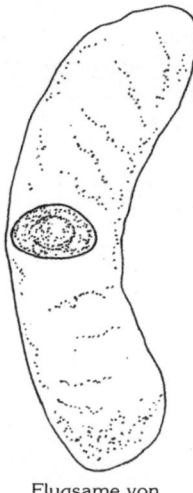 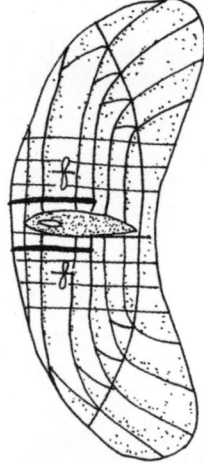

Flugsame von Macrozanonia

Nach dem Samen konstruierter Flieger, die so genannte Etrich-Taube

## Wo gibt's die Zutaten?

Papier, Klebstoff und Schere sind im Haushalt vorhanden oder in jedem Schreibwarengeschäft zu besorgen. Frische Kürbissamen bekommt man in Supermärkten oder Reformhäusern.

## Literatur

Attenborough: *Das geheime Leben der Pflanzen* • Hagemann, Steininger: *Alles was fliegt in Natur, Technik und Kunst* • Nachtigall, Blüchel: *Das große Buch der Bionik* • Paturi: *Geniale Ingenieure der Natur* • Ridley: *The dispersal of plants* • Schubert: *Zaunrübe und Spritzgurke* • Ulbrich: *Biologie der Früchte und Samen*

# Pflanzliche Drillbohrer

## Benötigtes Material

Früchte von Pyrenäen-Reiherschnabel (*Erodium manescavii* oder andere Arten), Duftpelargonie (z.B. *Geranium citriodorum*) und Federgras (*Stipa pennata*); mit trockenem Sand gefülltes Becherglas; Fön, gegebenenfalls Stövchen und Metalldeckel eines Marmeladenglases; Bogen Papier; Schere; Klebstoff; kleine Schüssel oder Petrischale mit Wasser.

## Die Früchte spiralisieren und entspiralisieren sich

Die schnabelförmige Spaltfrucht des Reiherschnabels zerfällt bei der Reife in fünf lang ausgezogene (begrannte) Teilfrüchte. Jede von ihnen ist bei Trockenheit korkenzieherförmig spiralisiert. Solch eine trockene Teilfrucht wird in eine Schüssel mit Wasser gelegt. Innerhalb weniger Minuten entspiralisiert sich die Granne, sodass sich der lange Schnabel streckt.

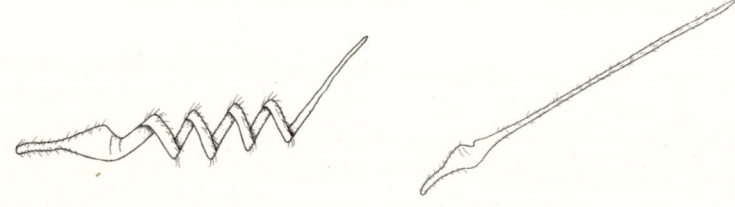

Als Halterung für die nasse Frucht wird ein kleines Glas mit Sand gefüllt. Mit der kleinen torpedoförmigen, den Samen enthaltenden Spitze wird die Teilfrucht nun in den Sand gedrückt. Anschließend setzt man die Frucht dem warmen Luftstrom eines Föns aus, wodurch sie schnell trocknet. Legt man die feuchte Frucht zum Trocknen auf einen Metalldeckel, den man auf ein Stövchen stellt, lässt sich der Versuch auch unabhängig von Strom durchführen. Bereits nach etwa einer Minute ist eine drehende Bewegung des Schnabels erkennbar und der zuvor gerade Schnabel beginnt sich spiralig aufzurollen! Die Aufrollbewegung wird dabei immer schneller. Der Vorgang des Spiralisierens ist nach 3–5 Minuten abgeschlossen. Der Versuch kann auch ohne Fön oder Kerze in der Sonne durchgeführt werden, dann dauert es bis zur vollständigen Spiralisierung der Frucht aber etwa eine Viertelstunde und die Drehungen sind mit bloßem Auge nicht so eindrucksvoll mitzuverfolgen. Vielleicht kann man zur

*Alter: alle Altersstufen; Sommer, im Haus; Dauer: 20 Min.*

Veranschaulichung allerdings beide Versuche parallel laufen lassen. Dann kann man sich auch von dem »natürlichen« Vorgang ein besseres Bild machen.

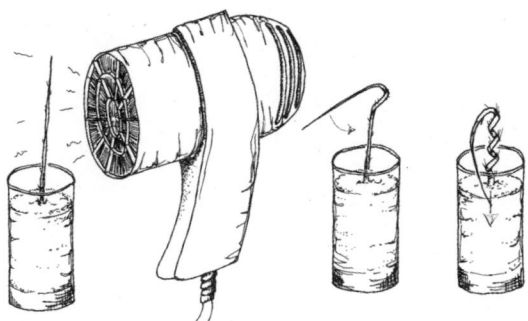

Als Ersatz für die Reiherschnabel-Frucht können die ähnliche Frucht einer Duftpelargonie oder die lang beschweifte Frucht des Federgrases verwendet werden, doch läuft bei letzterer der Versuch langsamer als mit den Reiherschnabel-Früchten ab.

## Wozu werden die Drehbewegungen der Früchte benötigt?

Durch das Spiralisieren und Entspiralisieren führen die Früchte von Reiherschnabel und Federgras eine schraubige Drehbewegung durch, wodurch sie sich zwischen den Pflanzen verhaken und später wie ein Bohrer im Boden verankern. Die Grannen, die senkrecht zum Samen stehen, dienen als Widerlager. Gerade das Federgras wächst an offenen, windigen Standorten. Bei starkem Wind würden dort die Früchte, wenn sie keinen Haltemechanismus entwickelt hätten, immer wieder vom Boden losgerissen. Verankerung und Keimung wären deshalb erschwert. Bewegungen durch physikalische Quellungs- (nach Wasserkontakt) und Schrumpfungsprozesse (durch Trocknung) nennt man hygroskopische Bewegungen. Dabei ziehen sich tote Zellen je nach Feuchtigkeitsgehalt zusammen oder dehnen sich aus. Durch einen mehrschichtigen Aufbau mit Schichten verschiedener Faserlaufrichtung und unterschiedlicher Quellbarkeit wird die Richtung der Bewegung vorgegeben. Derartige Bewegungen sind beliebig oft wiederholbar.

## Ergänzungen und weiterführende Versuche

Warum sich die Frucht zu einer Spirale zusammenrollt, wird verständlich, wenn man sie als Modell aus Papier nachbaut. Am Bogen Papier wird die

Faserlaufrichtung des Papiers festgestellt (evtl. Lupe benutzen). Zerreißt man das Papier, dann lässt es sich nur in Faserrichtung in lange Streifen zerreißen. Aus dem Bogen schneidet man vier Streifen (ca. 1 × 5 cm) wie folgt aus: a) 2 × Faserrichtung längs, b) 1 × Faserrichtung quer, c) 1 × Faserrichtung diagonal.

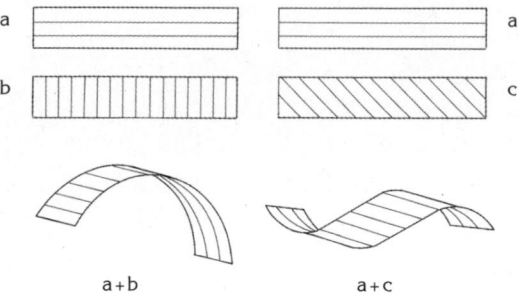

Nun klebt man Streifen a und b fest zusammen, ebenso den anderen Streifen a mit c. Sobald der Klebstoff trocken ist, werden die Papierstreifen angefeuchtet, und dann lässt man sie trocknen. Der aus den Streifen a und b zusammengesetzte Streifen krümmt sich mit den Enden zueinander. Der Papierstreifen aus a und c verdreht sich zu einer Spirale. Will man den Versuch beschleunigen, kann man das Papier mit dem Fön oder auf der Heizung trocknen.

## Schon gewusst?

Hygroskopische Bewegungen kommen im Pflanzenreich häufig vor. Meist stehen sie im Zusammenhang mit der Frucht- und Samenausbreitung. Hygroskopische Bewegungen sind z.B. auch von vielen Flughaaren an Samen oder Früchten bekannt, so auch an den Fallschirmfliegern des Löwenzahns. Das Öffnen und Schließen der Blütenköpfchen von Wetterdisteln (Silberdisteln, *Carlina acaulis*) beruht auf dem gleichen Prinzip. Hygroskopische Bewegungen trifft man zudem häufig bei den Öffnungsmechanismen von Sporenkapseln der Moose und Farne an (vgl. auch Öffnung der Rose von Jericho).

Das Brandmoos (*Funaria hygrometrica*) lässt bereits an seinem wissenschaftlichen Namen erkennen, dass es zu hygroskopischen Bewegungen fähig ist. Das kleine, nur bis 2 cm hohe Brandmoos kommt häufig als einer der ersten Besiedler von Brachflächen vor und wächst gern auch auf alten Brandstellen. In südlichen Ländern kann es nach einem Waldbrand den ganzen Boden mit seinen Kapseln gelb und rot färben.

Die rötlichen, birnenförmigen Sporenkapseln sind relativ lang gestielt. Der Kapselstiel ist in trockenem Zustand verbogen oder verdreht. Schon bei geringer Befeuchtung streckt er sich, indem er Drehbewegungen ausführt. Diese kann man bereits beobachten, wenn man die Stiele kurz mit einem nassen Finger befeuchtet.

## Wo gibt's die Zutaten?

Die Früchte von Reiherschnabel, Duftpelargonie und Federgras kann man im Sommer auf Nachfrage in botanischen Gärten bekommen. Eine Reiherschnabel-Art (*Erodium cicutarium*) mit kleineren Früchten als beim im Mittelmeergebiet und in den Pyrenäen beheimateten *Erodium manescavii* wächst auch bei uns an trockenen Wegrändern oder auf mageren Rasen. Die als Zierpflanzen geschätzten Duftpelargonien bilden ebenfalls kleine bohrerähnliche Früchte mit behaarter Granne aus; auch sie sind für den Versuch geeignet. Das Papier gibt's im Schreibwarengeschäft oder im Bastelbedarf. Statt normalem Papier kann man auch Löschpapier aus Schulheften oder Umweltpapier verwenden.

## Literatur

Baer: *Biologische Versuche* • Düll, Kutzelnigg: *Taschenlexikon der Pflanzen Deutschlands* • Molisch: *Botanische Versuche und Beobachtungen* Paturi: *Geniale Ingenieure der Natur* • Ridley: *The dispersal of plants* • Sitte et al.: *Lehrbuch der Botanik* • Ulbrich: *Biologie der Früchte und Samen*

# Sterne stempeln

## Benötigtes Material

Nicht zu reife, am besten noch grünliche Sternfrucht (*Averrhoa carambola*); Stempelkissen; Haushaltspapier; helles Papier.

## Die Früchte werden abgedruckt

Die Sternfrucht wird in der Mitte quer durchgeschnitten. Es ist dabei darauf zu achten, möglichst gleichmäßige Früchte zu verwenden und den Schnitt gerade zu führen, damit der sternförmige Querschnitt gut herauskommt. Wenn die Früchte sehr saftig sind, sollte die Schnittfläche zunächst auf einem Stück Haushaltspapier abgedrückt werden, um die Farbe des Stempelkissens nicht zu sehr zu verdünnen. Danach kann man die Früchte auf ein Stempelkissen drücken und ein Muster des Fruchtquerschnittes auf Papier abdrucken. Natürlich eignen sich die säuerlichen erfrischenden Früchte auch gut einfach so zum Essen oder zum Dekorieren von Desserts.

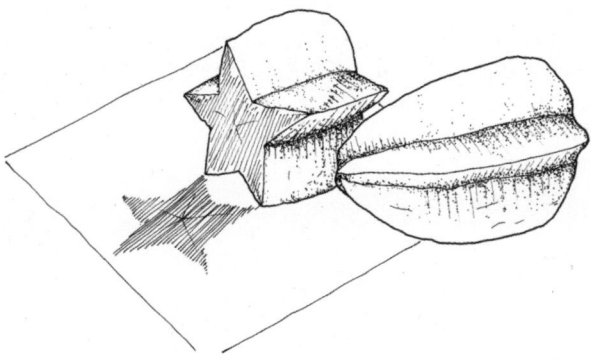

## Wie sind die Sternfrüchte aufgebaut?

Die Sternfrucht besteht aus fünf fleischigen Fruchtblättern. Ihre Zahl ist äußerlich bereits an der Fünfzahl der Fruchtkanten zu erkennen. Durch Scheidewände ist der Fruchtknoten in 5 Fruchtfächer gegliedert, in denen sich die Samen entwickeln.

*Alter: alle Altersstufen; ganzjährig, im Haus; Dauer: 10 Min.*

## Ergänzungen und weiterführende Versuche

Diverse, nicht zu saftige Früchte (wie Paprika (*Capsicum annuum*), Apfel (*Malus domestica*)) und Blätter lassen sich gut mit Farbe auf Papier drucken. Man sollte einfach mal ausprobieren, womit es am besten klappt. Oft sehen die Abdrücke sehr dekorativ aus. Die Abdrücke können beschriftet und in einer Mappe gesammelt werden, sodass man sich ein »Fruchtabdruck-Herbar« anlegen kann.

## Schon gewusst?

Die sternförmigen, sauren und Vitamin-C-haltigen quer geschnittenen Fruchtscheiben der Sternfrucht werden zur Dekoration von Salaten oder Drinks benutzt. Mit den Querschnitten kann man sich aber auch sehr schöne Briefkarten stempeln. Das sieht mit Stempelfarbe gut aus, wirkt zur Weihnachtszeit besonders passend, wenn man den Querschnitt vor dem Stempeln mit Goldfarbe anmalt. Mit Stoffdruckfarbe lassen sich die Sternfrüchte auch auf Stoff attraktiv abdrucken.

Wer Nützliches, Dekoratives und Lehrreiches miteinander verbinden will, sollte mit Blättern oder Früchten Baumwolltaschen bedrucken. Wenn auf den Taschen zudem der Name des entsprechenden botanischen Gartens, der Schule oder des Vereins erscheint, ist dies zugleich eine nette Werbung.

## Wo gibt's die Zutaten?

Tropische Früchte wie die Sternfrucht bekommt man in gut sortierten Obsttheken von Supermärkten oder in auf Südfrüchte spezialisierten Geschäften.

## Literatur

Baker, Haslam: *Wir spielen und experimentieren* • Lötschert, Beese: *Pflanzen der Tropen* • Nowak, Schulz: *Tropische Früchte* • Rauh: *Morphologie der Nutzpflanzen* • Rehm, Espig: *Die Kulturpflanzen der Tropen und Subtropen* • Schmidt, Byers: *Biologie einfach anschaulich*

# Geheimnisvolle Farnsamen

## Benötigtes Material

Bärlapp-Sporenpulver (*Lycopodium*-Sporen, »Hexenmehl«); Kerze; Pipette mit Gummipfropfen.

## Die Flamme lodert

Aus der Gruppe der Anwesenden sucht man sich einen »mutigen Feuer-schlucker« und einen Assistenten, der eine brennende Kerze hält. Der »Feuerschlucker« hält die Pipette in ein kleines, mit Sporenpulver gefülltes Gefäß und saugt Sporen auf. Der Versuch gelingt am besten, wenn man mit der Sporen enthaltenden Pipette aus etwa einem Zentimeter Entfer-nung schräg von oben das Sporenpulver in die Flamme spritzt. Es ent-steht eine kleine Stichflamme. Es ist darauf zu achten, dass der Sporen-staub nicht auf eine Person gerichtet wird.

## Warum ergeben die Sporen eine so kräftige Flamme?

Bärlappgewächse sind Sporenpflanzen, die keine Blüten bilden und sich deshalb nicht durch Samen, sondern durch Sporen vermehren (vgl. auch den Versuch der Farnsporenbilder). Diese sind winzig kleine kugelige Gebilde ähnlich wie die Pollenkörner im Blütenstaub. Sie haben Durch-

*Alter: 6–10 J.; ganzjährig, im Haus und draußen; Dauer: 5 Min.*
*Hilfe eines Erwachsenen erforderlich!*

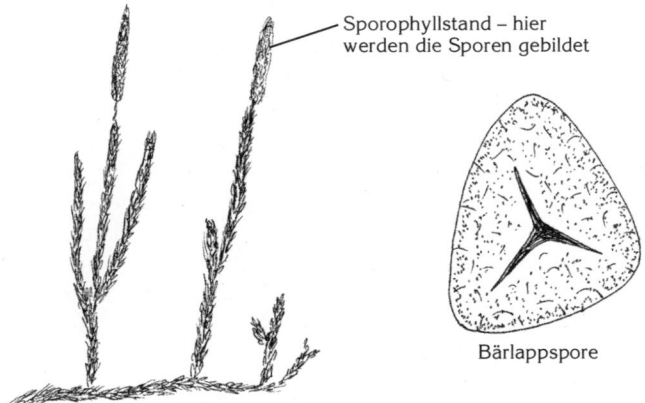

Sporophyllstand – hier
werden die Sporen gebildet

Bärlappspore

messer von nur wenigen hundertstel oder tausendstel Millimetern und
sind von einer festen Wand umgeben. Gelangt nun dieser Sporenstaub mit
seiner insgesamt relativ großen Oberfläche in eine Flamme, können sich
die einzelnen Sporen gleichzeitig entzünden. Es ergibt sich eine kleine
Staubexplosion und von der brennenden Kerze geht eine Stichflamme
aus. Durch das zusätzlich in den Sporen enthaltene Aluminium wird dieser
Effekt verstärkt.

## Ergänzungen und weiterführende Versuche

Von verschiedenen Farnen können im Sommer Sporen gesammelt werden. Dazu werden Wedel, die auf der Unterseite Sporenlager gebildet haben,
auf einem weißen Papier ausgebreitet. Wenn der Farnwedel austrocknet,
öffnen sich auch die Sporenbehälter (Sporangien) und die Sporen werden
ausgeschleudert. Vom Papier kann man sie leicht einsammeln. Anschließend können die Sporen unter einem Mikroskop betrachtet werden. Man
kann auch die selbst gesammelten Farnsporen mit einer Pipette in eine
Flamme spritzen; es entwickelt sich wie bei den Bärlappsporen eine
kleine Stichflamme.

## Schon gewusst?

Zu Staubexplosionen und Bränden kann es leicht auch in Getreidemühlen
und Sägewerken kommen, da die Mehl- oder Holzstaub-Partikelchen
äußerst klein und leicht entflammbar sind. Deshalb ist das Rauchen in
Mühlenbetrieben oder Sägewerken strengstens verboten. Wenn Mehlstaub
mit einer Pipette in eine Bunsenbrennerflamme gegeben wird, ergibt dies

ebenfalls eine kleine Stichflamme, die allerdings nicht so ansehnlich ist wie im Versuch mit den Sporen.

Die Möglichkeit, mit Bärlappsporen kleine Staubexplosionen zu verursachen, hat man sich schon seit längerer Zeit zunutze gemacht. Man nutzte sie früher zur Erzeugung von Theaterblitzen oder setzte sie zu Beginn der Fotografie als Blitzlicht ein. Auch Feuerschlucker benutzen die Sporen für ihre Kunststücke. Apotheker wussten ebenso den Wert des Sporenpulvers zu schätzen. Es wurde früher als Wundstreupulver sowie als Zusatz zu Pillen verwendet, um deren Zusammenkleben zu verhindern. Bärlappsporen wurden zur Puderung von Kondomen benutzt, um ein Verkleben des Latexmaterials zu vermeiden.

Früher wusste man nicht, dass sich farnartige Pflanzen, zu denen auch die Bärlappgewächse gehören, nicht durch Samen, sondern durch Sporen ausbreiten. Die Fortpflanzung stellte ein großes Rätsel dar. Deshalb schrieb man den so genannten »Farnsamen« (für die auch heute manchmal noch die Sporen oder die Häufchen aus Sporenkapseln gehalten werden) sagenhafte Kräfte zu. Aber selbst die eigentlichen Farnpflanzen hatten etwas Geheimnisvolles an sich.

So wurden der Wurmfarn und andere Farne als Hexenkraut oder Hexenleiter bezeichnet und zählten zu den Hexenpflanzen. Es wurde erzählt, das Farnkraut blühe nur in der Johannisnacht (in der Nacht vom 23. auf den 24. Juni) und werfe dann den so begehrten Samen ab. Wer diesen besaß, hatte Glück in allen Unternehmungen und konnte sich damit sogar unsichtbar machen! Wer Farnsamen besaß, konnte angeblich so viel arbeiten wie sonst 20 Männer. Auch SHAKESPEARE verarbeitete diesen Glauben literarisch: „Wir gehen unsichtbar, denn wir haben Farnsamen bekommen", heißt es in seinem Drama „Heinrich IV.".

## Wo gibt's die Zutaten?

Bärlappsporen bekommt man in größeren Mengen (z.B. kiloweise, dann allerdings sehr teuer!) bei Laborchemikalien-Händlern, kleinere Mengen auch in der Apotheke oder gelegentlich in Zauberläden.

## Literatur

Bennert: *Die seltenen und gefährdeten Farnpflanzen Deutschlands* Jahns: *Farne, Moose, Flechten* • Marzell: *Wörterbuch der deutschen Pflanzennamen* • Perger: *Deutsche Pflanzensagen*

# Farnwedel und Sporenbilder

## Benötigtes Material

Farnwedel – z.B. von Wurmfarn (*Dryopteris dilatata* oder *D. filix-mas*) – mit reifen, aber noch nicht geöffneten Sporenkapseln auf der Blattunterseite; Blatt helles Papier; Haarspray oder Sprühlack zum Fixieren; Glas.

## Der Farn streut seine Sporen aus

Ein Farnwedel wird mit der Blattunterseite nach unten 1–2 Tage lang auf ein weißes Blatt Papier gelegt. Sind die Sporenkapseln ausgereift, trocknen sie im Zimmer leicht aus. Die Sporen werden dabei aus den Sporenbehältern (Sporangien) ausgeschleudert. Auf dem Papier hinterlassen sie ein Bild des Farnwedels mit den Sporangien. Damit das Sporenbild möglichst scharf wird, sollten das Blatt Papier und der Wedel etwa zwei Tage lang nicht bewegt werden. Zum besseren Schutz kann man Papier und Wedel mit einem Stapel Zeitungen oder Glas abdecken. Wenn der Wedel die Sporen ausgestreut hat, wird er vorsichtig vom Blatt Papier abgehoben. Das Muster kann man längerfristig erhalten, wenn das Blatt Papier vorsichtig mit Haarspray oder Klarlack übersprüht wird. Zur noch besseren Haltbarkeit kann das Papierblatt anschließend in eine Folie einlaminiert werden. Dies kann man in Kopierläden machen lassen.

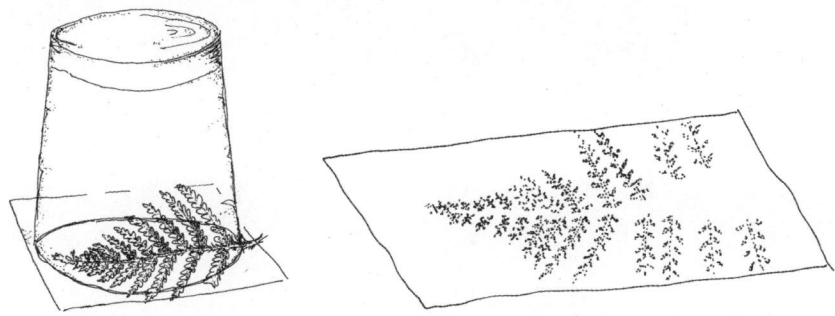

## Wie sehen sporenbildende Farnwedel aus?

Die Anordnung der Sporenkapseln in Lagern auf dem Farnwedel ist für einzelne Arten charakteristisch. Bei einigen Arten sind die Sporenlager

*Alter: 6–10 J.; Sommer, im Haus; Dauer: 2 Tage (mit Vorbereitung und Wartezeit)*

zum Schutz von einem dünnen Häutchen, dem Indusium, umgeben. Die Lager aus Sporenkapseln können rundlich-tüpfelförmig (z.B. beim Tüpfelfarn, *Polypodium vulgare*), streifenförmig (z.B. bei der Mauerraute, *Asplenium ruta-muraria*, und der Hirschzunge, *Phyllitis scolopendrium*) oder nierenförmig (z.B. beim Gewöhnlichen Wurmfarn, *Dryopteris filix-mas*) sein. Diese Formen kann man auf dem Blatt Papier wiedererkennen. Auch die Farbe der Sporen und Sporenlager kann sehr unterschiedlich sein, was für die Bestimmung einzelner Arten wichtig ist.

Die genauere Struktur der Sporen kann man nur unter dem Mikroskop erkennen, denn sie sind nur hundertstel Millimeter groß.

Die Sporen sind ähnlich rundlich wie die Pollenkörner der Blütenpflanzen. Auf ihrer Oberfläche sind drei Keimspalten zu erkennen. Nicht bei allen Farnarten können alle Wedel Sporen bilden. Eine Arbeitsteilung der Wedel und Trennung von Funktionen findet man beispielsweise beim heimischen Rippenfarn (*Blechnum spicant*) oder dem häufig in Gärten gepflanzten Straußfarn (*Matteuccia struthiopteris*). Die typischen Farnwedel betreiben Photosynthese und tragen zur Ernährung der Farnpflanze bei. Die sporenbildenden Wedel sind braun und nicht zur Photosynthese befähigt. Sie sind mit ihrer Sporenproduktion für die Vermehrung der Pflanze verantwortlich.

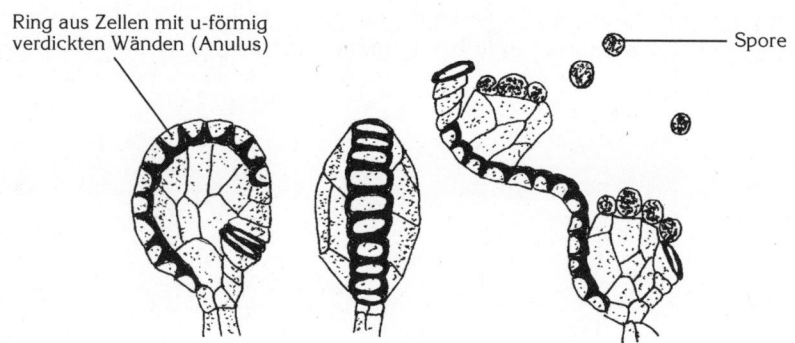

Ring aus Zellen mit u-förmig verdickten Wänden (Anulus)

Spore

Öffnung des Farnsporangiums

## Ergänzungen und weiterführende Versuche

Es ist hübsch, »Positive« und »Negative« zu sammeln. In einer Sammelmappe kann man gepresste Farnwedel und dazugehörige Sporenbilder aufbewahren. Wer auf der Fensterbank Zimmerfarne hält, kann auf der Erde in benachbarten Blumentöpfen nach ganz jungen Farnpflanzen oder sogar den aus den Sporen entstandenen Vorkeimen (s.u.) suchen. Man wird dabei erstaunlich oft fündig.

## Schon gewusst?

Die Vermehrung der Farnpflanzen ist kompliziert, sie machen einen so genannten Generationswechsel durch. Dies bedeutet, dass es zwei verschieden aussehende Generationen gibt, von denen sich die eine geschlechtlich mithilfe von Eizellen sowie männlichen Geschlechtszellen und die andere ungeschlechtlich durch Sporen vermehrt. Die eigentliche Farnpflanze ist die ungeschlechtliche Generation, der so genannte Sporophyt. Sie bildet an den Blättern die Sporen, die der Ausbreitung dienen und zu Boden fallen. Samen wie bei den Blütenpflanzen werden von Farnen nicht gebildet. Die Sporen keimen zu einem so genannten Vorkeim (Prothallium) aus. Daraus entwickelt sich die geschlechtliche Generation, der Gametophyt. Die Vorkeime sind lappig, grün und nicht viel größer als ein Fingernagel. Auf der dem meist feuchten Boden anliegenden Unterseite tragen sie wurzelähnliche Gebilde (Rhizoide). Ebenfalls auf der Unterseite des Prothalliums bilden sich in speziellen Kammern männliche und weibliche Geschlechtszellen. Die in den so genannten Antheridien entstehenden männlichen, begeißelten Geschlechtszellen (Spermatozoide) können nur in Anwesenheit von Feuchtigkeit zu den Eizellen in den Archegonien eines benachbarten Vorkeimes schwimmen. Dort findet dann die Befruchtung statt. Auf dem Vorkeim kann anschließend aus der befruchteten Eizelle die neue ungeschlechtliche Generation, die eigentliche Farnpflanze, wieder heranwachsen. Wenn sie ausgewachsen ist, produziert sie Sporen, die zur weiteren Ausbreitung dienen und aus denen dann ohne Befruchtung die Vorkeime auskeimen.

## Wo gibt's die Zutaten?

Verschiedene Farnarten (z.B. Breiter und Gewöhnlicher Wurmfarn, *Dryopteris dilatata, Dryopteris filix-mas*, und Frauenfarn, *Athyrium filix-femina*) wachsen im Wald oder Garten an feuchten, schattigen Standorten oder werden als Zimmerpflanze gehalten (z.B. Goldtüpfelfarn, *Phlebodium aureum*).

Im Sommer bilden sich auf der Unterseite der Wedel Lager aus Sporenkapseln (Sorus, Mehrzahl Sori), die verschiedene Formen haben können; schon manch einer hat gedacht, dass sein Zimmerfarn von Blattläusen befallen sei, für die man die Sporenbehälter bei nicht so genauer Betrachtung halten kann.

Für den Versuch reicht ein kräftiger Wedel mit Sporenkapseln aus. Die Sporen sind reif, wenn beim Reiben der Sori mit dem Finger ein meist bräunlicher Puder auf dem Finger zurückbleibt.

## Literatur

Aichele, Schwegler: *Unsere Moos- und Farnpflanzen* • Bennert: *Die seltenen und gefährdeten Farnpflanzen Deutschlands* • Braune, Lemann, Taubert: *Praktikum zur Morphologie und Entwicklungsgeschichte der Pflanzen* • Stützel: *Botanische Bestimmungsübungen*

# Sporenbilder aus einem Pilzhut

## Benötigtes Material

Reifer Hutpilz, möglichst mit Lamellen; Blatt Papier; Glas mit einem Durchmesser, der etwas größer als der Pilzhut ist, z.B. Marmeladen- oder Trinkglas; Haarspray oder Sprühlack zum Fixieren; Küchenmesser.

## Der Hut wird gekappt

Vom Pilz wird der Pilzhut durch vorsichtiges Drehen oder mithilfe eines Messers abgetrennt, denn für den Versuch wird nur der Hut benötigt. Wichtig dabei ist, dass der Pilz schon reif ist und die sporenbildenden Lamellen bereits gut entwickelt und sichtbar sind. Der Pilzhut wird mit der Unterseite auf ein weißes Blatt Papier gelegt. Darüber stülpt man ein Glas, damit die für den Sporenabwurf nötige Luftfeuchtigkeit darunter erhalten bleibt und die winzigen, leichten Sporen nicht weggeweht werden. Nach einigen Stunden, am besten am nächsten Tag, wird der Pilzhut vorsichtig entfernt. Durch die ausgefallenen Sporen zeichnet sich an der Stelle des Hutes das Muster der Lamellen auf dem Papier ab. Um das Muster zu erhalten, kann das Papier entsprechend wie im Farnsporen-Versuch mit Haarspray oder Klarlack vorsichtig fixiert werden.

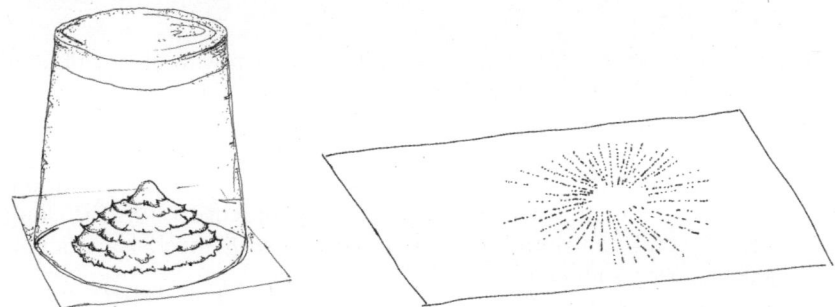

## Was sind Pilzhüte?

Die klassischen Hutpilze bestehen aus einem unterirdischen Pilzgeflecht (Myzel), das ganzjährig vorhanden ist, und einem Hut (Fruchtkörper), der nur bei bestimmten Temperatur- und Feuchtigkeitsverhältnissen gebildet wird. In den Hüten bilden die Pilze ihre Ausbreitungseinheiten, die kleinen,

*Alter: 6–10 J.; Herbst, im Haus; Dauer: 1 Tag (mit Vorbereitung und Wartezeit)*

leichten Sporen. Diese werden an der Hutunterseite millionenfach in verschiedensten Strukturen produziert. Viele Speisepilze bilden Lamellen (z.B Champignon, *Agaricus*), Röhren (z.B. Steinpilz, *Boletus edulis*), Stacheln oder Poren aus.

## Ergänzungen und weiterführende Versuche

Im Sommer oder Herbst stinkt es bisweilen an manchen Stellen im Wald aasähnlich. Es lohnt sich, mit der Nase dem Geruch nachzugehen. Man stößt dabei meist auf eine Stinkmorchel (*Phallus impudicus*) und nicht, wie vielleicht zunächst vermutet, auf Aas. Bei diesem Pilz werden die Sporen nicht an der Unterseite des Hutes gebildet, sondern als schleimige, schwarze Masse auf dem Hut des Pilzes. Durch den aasähnlichen Gestank werden Fliegen angelockt, die sich auf dem von der Sporenmasse schwarz glänzenden Hut niederlassen. Ein Teil der klebrigen Sporenmasse bleibt an den Fliegen kleben und kann so über weite Strecken ausgebreitet werden.

## Schon gewusst?

Manchmal findet man Pilze, die in einem Kreis stehen. Um dieses Phänomen ranken sich viele Legenden. In einem solchen Ringe soll man vor Hexen sicher sein, sagen die, die den Pilzkreis Hexenring nennen. Andere gehen davon aus, dass in diesen Zirkeln nachts die Elfen im Mondschein tanzen, weshalb dann die Pilzringe auch als Elfenringe bezeichnet werden. Ein Wunsch, auf Knien in einem Elfenring vorgebracht, soll in Erfüllung gehen. Selten und nur einmal im Leben sei es den Menschen vergönnt, einen solchen Ring zu finden.

Die Ringe lassen sich jedoch viel nüchterner erklären als in diesen Sagen. Bei einigen Pilzarten, z.B. beim Nelkenschwindling (*Marasmius oreades*), Parasolpilz (*Macrolepiota procera*) und Steinpilz (*Boletus edulis*) breitet sich das unterirdische Pilzgeflecht kreisförmig von einem Punkt aus. Die Pilzfäden wachsen nach außen immer weiter, während sie innen absterben. Nur am jüngeren, äußeren Rand des Pilzgeflechtes bilden sich die sporenbildenden, oberirdischen und deshalb sichtbaren Fruchtkörper aus. Je größer also der Hexenring ist, desto älter ist das Myzel. Auch außerhalb der Pilzzeit kann man manchmal hellere oder dunklere Ringe im Gras entdecken. Dort war im letzten Jahr ein Hexenring. Durch den Nährstoff- und Wasserentzug durch die Pilzhüte kann Gras an Wuchsorten ehemaliger Hexenringe heller als üblich werden und schließlich absterben.

## Wo gibt's die Zutaten?

Der Champignon (*Agaricus bisporus*) ist ein schöner und für den Versuch gut geeigneter Hutpilz, den es das ganze Jahr über im Supermarkt zu kaufen gibt. Wer sich mit Pilzen gut auskennt, kann natürlich im Herbst auch im Wald nach ungiftigen Pilzen suchen.

## Literatur

Laux: *Der große Kosmos-Pilzführer* • Molisch: *Botanische Versuche und Beobachtungen* • Sitte et al.: *Lehrbuch der Botanik*

# Kiefernzapfen mit geheimer Botschaft

## Benötigtes Material

Zapfen verschiedener Kiefern (z.B. Schwarz-Kiefer, *Pinus nigra*, Wald-Kiefer, *P. sylvestris*, Mädchen-Kiefer, *P. wallichiana*); Stück Papier in der Größe von maximal 1 × 2 cm; Bleistift; Wasserschale; Mikrowelle oder Backofen.

## Ein Zapfen-Briefchen wird geschrieben

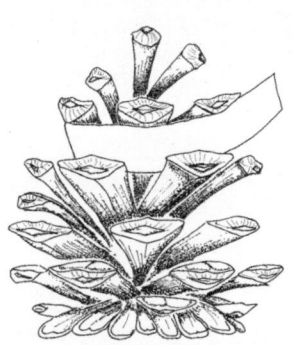

Auf das vorbereitete Stück Papier (die Größe ist abhängig von der Größe des Zapfens) wird eine kleine Botschaft mit Bleistift (wasserfest) geschrieben und anschließend höchstens einmal gefaltet, damit es nicht zu dick wird. Danach wird das Papierstückchen zwischen die Schuppen eines trockenen, geöffneten Zapfens geschoben. Dieser wird anschließend in ein Gefäß mit Wasser gelegt; innerhalb von etwa einer Stunde hat er sich geschlossen. Es bietet sich an, die Zapfen am Vortag vorzubereiten und über Nacht in ein Wassergefäß zu legen. Vom Papier im Inneren ist bei den geschlossenen Zapfen nichts mehr zu sehen. Der geschlossene Zapfen wird bei entsprechender Gelegenheit, z.B. zum Abschluss einer Führung oder eines Waldspazierganges, verschenkt. Wer viel Zeit und Geduld hat, sollte den Zapfen etwa 1–2 Tage zum Trocknen in die Sonne oder auf die Heizung legen, worauf er sich wieder öffnet. Die Botschaft kann dann entnommen werden. Wer ungeduldiger ist, kann den Zapfen auch etwa eine Stunde in den Backofen bei mittlerer Temperatur oder wenige Minuten bei höherer Stufe in die Mikrowelle legen. Achtung, wenn in der Mikrowelle das Harz an den Zapfen zu lange sehr heiß wird, beginnt es zu verschmoren und stinkt.

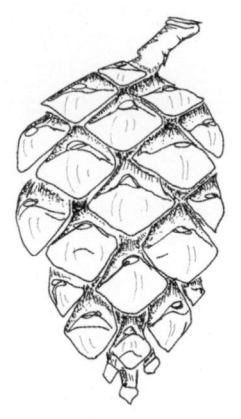

*Alter: 6–10 J.; ganzjährig, im Haus; Dauer: 2 Tage (mit Vorbereitung und Wartezeit)*

## Warum öffnet und schließt sich der Zapfen?

Die passiven Bewegungen beruhen auf ungleich starker Quellung von Unter- und Oberseite der Zapfenschuppen. Es handelt sich um einen rein mechanischen und keinen »lebenden« Vorgang. Selbst alte Zapfen sind noch zu diesen feuchtigkeitsabhängigen Bewegungen fähig. Bei hoher Feuchtigkeit schließen sich die Zapfen, damit die zwischen den Schuppen liegenden Samen geschützt sind. Bei trockener Witterung öffnen sich die reifen Zapfen, die geflügelten Samen werden frei und fliegen durch die Luft, um an von der Mutterpflanze entfernte Orte zu gelangen.

## Ergänzungen und weiterführende Versuche

Ein Kiefernzapfen wird in ein Wetterhäuschen eingebaut und wirkt wie ein Hygrometer: bei hoher Luftfeuchtigkeit schließt er sich, bei trockener Luft ist er weit geöffnet.

Viele Pflanzen trockener Gebiete, in denen es regelmäßig zu Bränden kommt, öffnen ihre Früchte nicht bei Trockenheit, sondern nur bei Feuer. Vielfach muss dann erst das reichlich vorhandene Harz verbrennen, damit sich die Früchte öffnen können. Eine Reihe von australischen Myrtengewächsen (Myrtaceae) gehört zu klassischen Feuerpflanzen (Pyrhophyten). Der australische Pfeifenputzerstrauch (*Callistemon*) wird bei uns als Kübelpflanze gehalten. Ein Zweig, der von vielen kugeligen und harten Kapselfrüchten umgeben ist, kann in den Ofen oder in ein kleines Feuer gelegt werden. Nach einer Weile kann untersucht werden, ob sich die Kapseln geöffnet und die Samen entlassen haben.

## Schon gewusst?

Zapfen gibt es in allen möglichen Formen und Größen. Sie werden typischerweise von Nadelbäumen (Koniferen, von *conus* = zapfen und *ferre* = tragen) gebildet. Besonders große Zapfen bildet die in Kalifornien und Nordwest-Mexiko beheimatete Coulter's Kiefer (*Pinus coulteri*). Die geöffneten Zapfen sind etwa 30 cm lang und 15 cm breit. Da sie so beeindruckend sind, werden sie als Souvenirs für Touristen verkauft, so z.B. auch in Neuseeland, wo die Art nicht heimisch ist, aber angepflanzt wird.

Die Proteusgewächse (Proteaceae) sind auf der Südhalbkugel verbreitet, viele Arten kommen in Australien und Südafrika vor. Die Früchte einiger Arten werden in der Floristik verwendet. Die australischen Banksien (*Banksia*, bei denen es sich nicht um Koniferen handelt!) beispielsweise bilden zapfenartige Fruchtstände, die sich erst nach Feuereinwirkung öffnen. Sie sind so hart, dass sie von Drechslern verwendet werden. Seit einigen Jahren sind bei uns auf Kunsthandwerker- und Weihnachtsmärkten vermehrt aus Banksien-Fruchtständen gedrechselte Kugeln oder Halter für Teelichter zu bekommen. Aber auch die Blütenstände insbesondere der in Südafrika beheimateten Gattung *Protea* erfreuen sich bei uns im Winter großer Beliebtheit zur Dekoration.

## Wo gibt's die Zutaten?

Kiefern wachsen in Wäldern oder sind in Parks und Gärten angepflanzt. Unter Kiefern findet man eigentlich immer abgefallene Zapfen. Im Sommer, wenn sie noch nicht so lange auf dem feuchten Boden gelegen haben, sind sie am schönsten.

## Literatur

Baer: *Biologische Versuche* • Haug: *Naturkundliches Arbeitsbuch*
Krüssmann: *Handbuch der Laubgehölze* • Molisch: *Botanische Versuche und Beobachtungen* • Svedberg, Anderson: *Maja auf der Spur der Natur*

# Die Fußstapfen des Weißen Mannes

### Benötigtes Material

Samen von Breit- (*Plantago major*) oder Spitzwegerich (*Plantago lanceolata*); Petrischale oder ähnliches flaches Glasgefäß; blaue bzw. schwarze Tinte; Lupe oder Binokular; Vogelfeder; Pinzette.

### Die Samen quellen

Die Früchte des Breitwegerichs sind Deckelkapseln, die jeweils 6–12 Samen enthalten. Durch Zerreiben der Kapselfrüchte erhält man die kleinen, glatten Samen. Diese werden für das Experiment in eine kleine Schale mit Wasser gelegt, das zuvor mit Tinte dunkel gefärbt wurde. Nach wenigen Minuten ist die Samenschale aufgequollen, das Samenkorn wird dann von einer klebrigen, gallertartigen Hülle umgeben. Am besten wird nun der größte Teil des Tintenwassers abgegossen, sodass die Samen nur noch auf einem feuchten, dunklen Grund liegen. In der Tinte ist die Schleimhülle mit bloßem Auge oder besser noch mit einer Lupe oder einem Binokular als heller Hof um den braunen Samen herum zu erkennen. Wird die Schale mit den Samen von unten, z.B. mit einer Taschenlampe, beleuchtet, tritt der helle Hof deutlicher hervor.

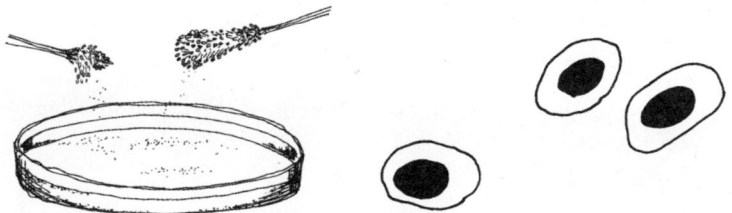

### Warum bilden die Samen im Wasser eine klebrige Hülle?

Der Schleim besteht aus kohlenhydrathaltigen Stoffen, die im Wasser stark aufquellen und eine viskose, fadenziehende Flüssigkeit bilden. Doch welchen Vorteil hat die klebrige Hülle für den Wegerich?

*Alter: 6–10 J.; Sommer, im Haus; Dauer: 30 Min.*

Die nach Quellung klebrige Samenschale hat mehrfache Funktionen. Zum einen dient sie zur Befestigung der kleinen Samen an Bodenpartikeln. Durch wiederholtes Aufquellen und Schrumpfen der schleimigen Samenschale gräbt sich der Same regelrecht etwas im Substrat ein. Eine weitere wichtige Aufgabe der Schleimschicht besteht aber auch darin, den Samen an Füßen von Tieren (z. B. von Pferden, Schafen, Rindern) und Menschen oder im Gefieder von Vögeln zu verankern. Wegerich-Samen können zudem während der Ernte in Erdresten von Kulturpflanzen (z. B. Kartoffelknollen) hängen bleiben. Durch alle drei Möglichkeiten, also über Tiere, Menschen und Kulturpflanzen, können die Wegerich-Samen folglich verschleppt und über große Distanzen hinweg ohne eigenen Energieaufwand ausgebreitet werden.

## Ergänzungen und weiterführende Versuche

Nach dem Aufquellen können die feuchten, klebrigen Samen mit einer Pinzette aus dem Tintenwasser genommen und auf eine Vogelfeder gedrückt werden. Man lässt die Samen trocknen und bläst anschließend über die Feder, der Samen löst sich nicht ab. Eine verschleimende Samenschale (Myxotesta) zeichnet auch die Samen des Leins (*Linum*) aus. Das Quellungsverhalten der Samen in Wasser ist ebenfalls gut zu beobachten.

## Schon gewusst?

Der Breitwegerich kommt heute weltweit in Kulturland in gemäßigten und subtropischen Breiten vor. Da er besonders häufig in der Nähe menschlicher Siedlungen, vor allem auf stark begangenen Trampelpfaden auftritt, wurden Breitwegerich-Pflanzen von den nordamerikanischen Indianern als »Fußstapfen des Weißen Mannes« bezeichnet. Der Name *Plantago* ist zudem von lat. *planta* = Fußsohle (wegen der Ähnlichkeit der Blattform einiger Arten mit einer Fußsohle) abgeleitet.

Ein weniger bekannter Name für den Wegerich lautet »Straßenbraut«. Dieser bezieht sich auf die Legende, dass ein Mädchen an einer Straße vergeblich auf ihren Geliebten gewartet habe, bis sie selber in einen Wegerich verwandelt wurde. Dieser wächst ja noch heute an Straßenrändern.

## Wo gibt's die Zutaten?

Breitwegerich ist bei uns eine häufige Pflanze auf Wegen (Trittgesellschaften), Weiden, in Parkrasen oder an Ufern und gedeiht in Pflasterritzen. Den

Spitzwegerich findet man häufiger auf Wiesen und an Wegrändern. Wegerich fruchtet etwa von Juli bis September. Durch Abstreifen der Kapselfrüchte von der etwa 2–10 cm langen Ähre können leicht reichlich Samen gesammelt werden. Die für den Versuch ebenso geeigneten Samen von *Plantago ovata* kann man unter der Bezeichnung »Indische Flohsamen« in der Apotheke bekommen.

## Literatur

Düll, Kutzelnigg: *Taschenlexikon der Pflanzen Deutschlands* • Hiller, Melzig: *Lexikon der Arzneipflanzen und Drogen* • Ridley: *The dispersal of plants* • Schneider: *Tropische Pflanzen im Tropenhaus des Botanischen Gartens der Universität Basel*

# Klettfrüchte und Klettverschluss

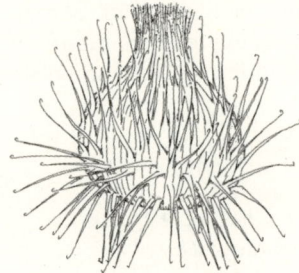

## Benötigtes Material

Fruchtstände von Kletten (*Arctium*-Arten); fruchtende Sprossabschnitte des Kleb- oder Klett-Labkrautes (*Galium aparine*); Klettverschlüsse (von Taschen, Schuhen oder Bändern).

## Die Früchte haften gut

Von den distelähnlichen Kletten können die einzelnen Köpfchen gesammelt werden. Vom Klebkraut verwendet man für den Versuch am besten die ganze Pflanze. Da die Stängel sowie die Früchte mit kleinen Widerhaken besetzt sind, haftet das Klettlabkraut an allen rauen Oberflächen vorzüglich. Schon beim Sammeln der Pflanze bleiben die Früchte und Stängel an der Hand hängen oder verhakeln sich untereinander. Die Haftfähigkeit kann man sehr gut testen, indem man mit einzelnen Kletten auf Baumwollstoff oder Wolle zielt. Es ist nachher gar nicht so leicht, die Kletten von einer groben Oberfläche wieder zu entfernen. Am elegantesten ist der Versuch, wenn man sich eine Zielscheibe bastelt, die mit Baumwollstoff überzogen ist, und die Kletten dagegen wirft.

## Von wem werden Klettfrüchte ausgebreitet?

Raue, haftende Oberflächen an Samen, Früchten, Fruchtständen oder ganzen Pflanzen dienen zum Anheften an Tiere und der Ausbreitung von Samen ohne eigenen Kraftaufwand. Die Ausbreitung durch oberflächliches Anheften an Tiere bezeichnet man als Epizoochorie.

Bei Klette und Klett-Labkraut werden, botanisch betrachtet, ganz unterschiedliche Ausbreitungseinheiten durch Tiere verschleppt. Die 1–2 mm kleinen, hakigen Kügelchen des Klett-Labkrautes sind die Hälften von zerbrechlichen Spaltfrüchten. In diesen sind die einsamigen Nüsschen fest mit einem widerhakigen Kelch verbunden. Auch ganze Stängel, die ebenfalls Widerhaken tragen, um entlang von Stützen aufwärts zu klettern, können durch Tiere verschleppt werden. Die körbchenförmigen Fruchtstände der

*Alter: 6–10 J.; Sommer und Herbst, im Haus und draußen; Dauer: 10 Min.*

Klette sind von hakigen Hüllblättern umgeben, die kleinen Früchte dagegen sind glatt. Während die Klette im Fell von Tieren festgehaftet ist, werden die Früchte ausgestreut. Es reicht aber auch aus, dass ein Tier die sparrig verzweigten Klettenpflanzen berührt und durch das plötzliche Zurückschnellen ein Teil der Früchte aus dem Körbchen ausgestreut wird.

## Ergänzungen und weiterführende Versuche

Die Haken des Labkrautes sind so klein, dass sie mit bloßem Auge kaum zu erkennen sind. Betrachtet man sie unter einer Stereolupe bei etwa 20facher Vergrößerung, ist die Form der Widerhaken sehr gut wahrzunehmen. Spannend ist es auch, die Struktur der pflanzlichen Widerhaken mit der Struktur von Klettverschlüssen zu vergleichen.

Außer den beiden oben genannten Kletten gibt es noch eine ganze Reihe weiterer Pflanzen aus verschiedenen Familien, deren Früchte oder Samen sich im Fell oder Gefieder von Tieren verfangen, zum Beispiel die hakigen Früchte der Gemeinen Nelkenwurz (*Geum urbanum*) oder die Früchte des Zweizahns (*Bidens*), die mit harpunenähnlichen Anhängseln versehen sind. Auch die hakigen Früchte der wilden Möhre (*Daucus carota*) kleben nach Sommerspaziergängen oft als Andenken am Hosenbein fest. Beim Waldspaziergang abseits von Wegen können die Hosenbeine dicht mit kleinen Klettfrüchten – wie angehext – bedeckt sein. Verursacherin ist eine unscheinbare Bodenpflanze, die nach der griechischen Hexe CIRCE benannt wurde: das Hexenkraut (*Circaea lutetiana*).

## Schon gewusst?

Das Prinzip pflanzlicher Kletten wurde auch in der Technik bei der Herstellung von Klettverschlüssen verwirklicht. Die gut haftenden, allerdings auch leicht wieder zu lösenden Verschlüsse sind von Schuhen oder Taschen nicht mehr wegzudenken. Beim Klettverschluss sind in ein Gewebeband zahlreiche Kunststoffhäkchen eingearbeitet. Dieses Hakenband kann sich mit einem samtartigen Gegenband verkletten.

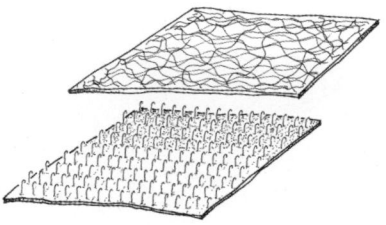

## Wo gibt's die Zutaten?

Beide Klettpflanzen sind bei uns häufig. Die Klette wächst an nährstoffreichen Weg- und Waldrändern auf nicht zu trockenen Standorten zu je
nach Art 0,5–2,5 m hohen Stauden heran. Ihre Früchte bleiben bis zum
Winter an der Pflanze stehen und können vom Sommer bis in den Winter
für den Versuch gesammelt werden. Das Klett-Labkraut ist eine einjährige
klimmende Pflanzenart, die an ähnlichen Standorten wie die Klette sowie
auf Fettwiesen gedeiht. Die kleinen kugeligen Teilfrüchte sind vom Hochsommer bis zum Herbst an der Pflanze zu finden.

## Literatur

Nachtigall, Blüchel: *Das große Buch der Bionik* • Molisch: *Botanische
Versuche und Beobachtungen* • Paturi: *Geniale Ingenieure der Natur*
Willis: *Der Delphin im Schiffsbug. Wie Natur die Technik inspiriert*

# Das Orangen-Orakel

## Benötigtes Material

Eine große Apfelsine (*Citrus sinensis*), nach Möglichkeit jedoch keine Nabel-Apfelsine, da hier das Zählen der Segmente wegen des zweiten kleineren Fruchtblattkreises (Nabel) etwas unübersichtlich sein könnte; Küchenmesser, gegebenenfalls Lupe.

## Wie viele Segmente hat eine Orange?

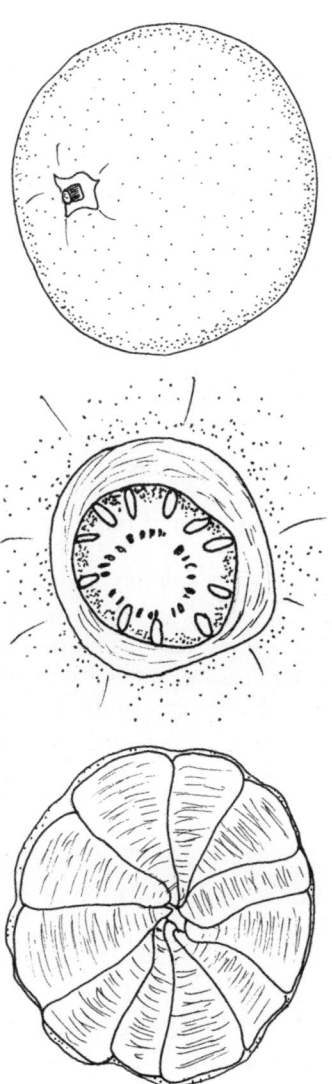

Wer gerne Orangen isst, dem ist bestimmt schon aufgefallen, dass die Zahl der Segmente im Fruchtinnern ganz unterschiedlich sein kann. Äußerlich ist auf den ersten Blick kein Hinweis zu finden, aus wie vielen Segmenten die Frucht zusammengesetzt ist. Wer sich jedoch besser auskennt, kann zum Erstaunen seiner Zuschauer die Segmentzahl exakt voraussagen. Dazu muss der Rest des Stiels zusammen mit den Kelchzipfeln aus der Frucht herausgezogen werden, was ganz leicht möglich ist. An der übrig bleibenden Narbe ist entweder mit bloßem Auge oder mit der Lupe ein Ring heller »Pünktchen« zu erkennen. Ihre Zahl entspricht der Zahl der Segmente in der Orangenfrucht. Um die vorausgesagte Segmentzahl zu überprüfen, wird die Orange quer geschnitten, da sich so die Segmente am besten zählen lassen.

---

*Alter: 6–10 J.; ganzjährig, im Haus und draußen; Dauer: 5 Min.*

## Wie funktioniert das Orakel?

In den Segmenten befinden sich die Samenanlagen, bei reifen Früchten die Samen mit den Embryonen. Ausnahmen bilden kernlose Kultur-Orangen. Die Samen(anlagen) werden über Leitbündel mit Wasser und Nährstoffen versorgt. Dabei verläuft vom Fruchtstiel je ein Leitbündel in ein Segment. In der Frucht gibt es später weitere Verzweigungen der Leitbündel. Im Übergangsbereich zwischen Fruchtstiel und Frucht sind die Abriss-Stellen der Leitbündel, deren Zahl genau der Zahl der Fruchtsegmente entspricht, zu erkennen.

## Ergänzungen und weiterführende Versuche

Einige weitere Zitrusgewächse wie Zitrone, Mandarine oder Pampelmuse zeigen ähnlichen Fruchtaufbau. Auch an diesen Früchten kann ausprobiert werden, ob das Orakel funktioniert.

## Schon gewusst?

Orangen werden heutzutage in vielen Mittelmeerländern angebaut. Heimisch sind sie jedoch in China (*Citrus sinensis* ist der Chinaapfel). Die Früchte wurden bereits vor 4000 Jahren genutzt. Erst im 15. Jahrhundert gelangten sie nach Europa. Im Zeitalter des Barock waren Zitrusgewächse Modepflanzen und wurden in Schlössern in den Orangerien kultiviert. Besonders beliebt war dabei die aus Indien stammende Pomeranze (*Citrus aurantium* subsp. *aurantium*) aufgrund ihrer Kälteunempfindlichkeit und des starken Duftes. Sie wurde auch als Unterlage bei Pfropfungen mit anderen Zitrus-Arten verwendet. Pomeranzen sind als rohe Frucht wegen ihres bitteren Geschmacks kaum genießbar, werden aber besonders in England zu Orangenmarmelade verarbeitet.

## Wo gibt's die Zutaten?

Diverse Zitrusfrüchte sind im Lebensmittelhandel erhältlich.

## Literatur

Franke: *Nutzpflanzenkunde*

# Tanzende Schachtelhalm-Sporen

## Benötigtes Material

Sporen von Acker-Schachtelhalm (*Equisetum arvense*) oder anderen Schachtelhalm-Arten; dunkles Papier; stärkere Lupe, noch besser Binokular mit ca. 30facher Vergrößerung.

## Die Sporen machen Luftsprünge

Die winzig kleinen, grünen (chlorophyllhaltigen) Sporen des Schachtelhalms verklumpen zu einem Pulver. Eine geringe Menge dieses Pulvers wird auf eine dunkle Unterlage gegeben, sodass es besser mithilfe einer Lupe oder unter einem Binokular betrachtet werden kann. Im trockenen Zustand liegen die Sporen ganz ruhig auf der Unterlage. Anschließend werden sie vorsichtig angehaucht, sodass sie etwas Feuchtigkeit aufnehmen können. Nach wenigen Sekunden beginnen die Sporen zu tanzen. Mit einer Lupe ist auszumachen, dass in die Sporen-Probe Bewegung kommt. Bei stärkerer Vergrößerung sind die einzelnen Sporen zu erkennen. Sie sind mit vier arm- bis fadenförmigen Anhängseln ausgestattet, die im trockenen Zustand die Spore schraubenbandartig umgeben. Schon bei hoher Luftfeuchtigkeit entrollen sich die Anhängsel und beginnen die Sporen zu hüpfen.

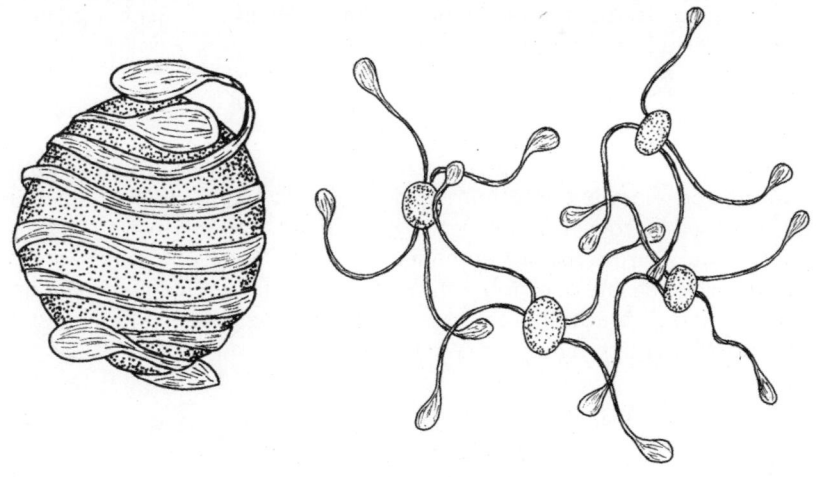

*Alter: 10–16 J.; Frühling, im Haus; Dauer: 10 Min.*

## Wozu die Anhängsel?

Die vier Anhängsel der Sporen werden auch Hapteren genannt. Bei hoher Luftfeuchtigkeit quellen sie auf und entspiralisieren sich. Dadurch geraten die Sporen in Bewegung, was der Ausbreitung dient. Meist verhaken sich die Hapteren mehrerer Sporen miteinander, sodass ganze Sporenpakete ausgebreitet werden. Dass mehrere Sporen gemeinsam an einen Ort gelangen, ist sehr sinnvoll. Denn ähnlich wie beim Entwicklungszyklus der Farne keimen die Sporen und wachsen zunächst zu einem Vorkeim (Prothallium), nicht jedoch zu einer Schachtelhalm-Pflanze heran. Die Vorkeime sind entweder männlich und produzieren Samenzellen (Spermatozoide) oder weiblich und bilden Eizellen. Bei ausreichend Feuchtigkeit und geringem Abstand zueinander können die Samenzellen zu den Eizellen gelangen und diese befruchten. Aus der befruchteten Eizelle auf dem Vorkeim wächst eine Schachtelhalmpflanze heran, die später Sporen bildet. Acker-Schachtelhalm entwickelt im Frühjahr bleiche, spargelartige Triebe, an deren Ende sich zapfenartige Sporenähren befinden. Wenn sie reif sind, entlassen sie zahllose Sporen. Erst danach erscheinen die bäumchenartigen, quirlig verzweigten grünen Schachtelhalm-Triebe.

## Ergänzungen und weiterführende Versuche

Schachtelhalm ist eine alte Heilpflanze. Ein Tee aus getrockneten Acker-Schachtelhalm-Trieben wird als harntreibendes Mittel angeboten. Nach Untersuchung der Sporen bietet es sich an, ein kleines Gläschen Schachtelhalm-Tee zu probieren.

## Schon gewusst?

Die grünen Triebe des Acker-Schachtelhalmes erinnern an den haarigen Schwanz von Tieren. Darauf nimmt der wissenschaftliche Gattungsname *Equisetum* (= Pferdeschwanz) Bezug. Die Triebe sind relativ hart und rau, da sie etwa 7% Kieselsäure enthalten, die der Pflanze – ähnlich wie bei anderen Gewächsen der Holzstoff Lignin – Festigkeit verleiht. Dadurch eignet er sich zum Putzen von metallenen Schüsseln, weshalb der Acker-Schachtelhalm auch Zinnkraut genannt wird.

## Wo gibt's die Zutaten?

Acker-Schachtelhalm ist ein gefürchtetes »Unkraut«, das sich durch unterirdische Ausläufer schnell vermehrt und aus Beeten nur sehr schwer zu entfernen ist. Er ist häufig an Weg- und Ackerrändern anzutreffen. Die sporenbildenden Triebe sind etwas unauffälliger als die grünen Pflanzen und erscheinen im zeitigen Frühjahr. In botanischen Gärten wird gelegentlich der bei uns ebenfalls heimische, jedoch seltene Riesen-Schachtelhalm (*Equisetum telmateia*) kultiviert. Die Sporenausbeute pro Sporenähre ist hier höher als beim Acker-Schachtelhalm.

## Literatur

Düll, Kutzelnigg: *Taschenlexikon der Pflanzen Deutschlands*
Sitte et al.: *Lehrbuch der Botanik*

# Die Paranuss-Kerze

## Benötigtes Material

Ein geschälter, ungerösteter Same der Paranuss (*Bertholletia excelsa*), d.h. die handelsüblichen Paranüsse; Knetgummi; feuerfeste Unterlage; Kerze.

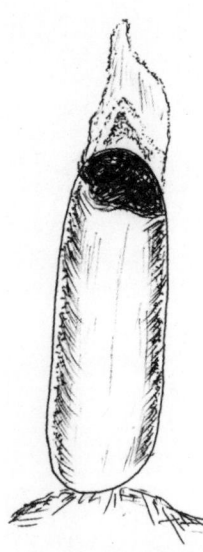

### Die Paranuss brennt

Die Paranuss wird mit einem Ende auf einem Teller oder einer anderen feuerfesten Unterlage in Knetmasse gedrückt, sodass sie aufrecht steht. Mit einer Kerze wird sie am oberen Ende angezündet. Obwohl sie keinen Docht enthält, brennt die Nuss ähnlich wie eine Kerze. Nach etwa 5 Minuten, wenn die Spitze der Paranuss etwas rußig geworden ist, erlischt sie allerdings meist wieder.

### Warum brennt die Paranuss so gut?

Paranüsse sind Samen, die sich in kräftigen Deckelkapseln entwickeln. Der Embryo im Samen ist sehr nahrhaft und enthält über 60% Fett. Dieses wirkt beim Verbrennen ähnlich wie Kerzenwachs oder Lampenöl.

## Ergänzungen und weiterführende Versuche

Nicht nur Paranüsse sind extrem fetthaltig und kalorienreich. Die aus Australien stammende, aber besonders auch auf Hawaii häufig angebaute Makadamianuss (*Macadamia integrifolia*) wird als hochwertige Knabberei angeboten. 100 g Makadamiakerne enthalten durchschnittlich 687 Kilokalorien (2872 Kilojoule), 7,5 g Eiweiß, 73 g Fett, 15,9 g Ballaststoffe und nur geringe Mengen an Kohlenhydraten. Auch diese Kerne brennen sehr gut, aufgrund ihrer geringeren Größe und der kugeligen Form erinnern sie weniger stark als eine brennende Paranuss an eine Kerze. Man kann entweder bereits geknackte Makadamianüsse verwenden oder die Früchte selber knacken. Dafür ist den Packungen mit ungeknackten

---

*Alter: 6–10 J.; Winter, im Haus und draußen; Dauer: 10 Min.*
*Hilfe eines Erwachsenen erforderlich!*

Makadamianüssen ein schraubstockähnlicher Knacker beigelegt. Es geht aber auch mit einem Hammer.

## Schon gewusst?

Der Paranussbaum ist einer der größten Bäume des Amazonasgebietes. Seine Früchte sind etwa apfelgroß und haben eine dicke holzige Schale. Anders als in anderen Gattungen der Familie öffnen sie sich nicht von selbst mit einem Deckel, sondern müssen aufgeschlagen werden. Sie enthalten zahlreiche dreikantige Samen, die Paranüsse, die eine sehr harte Schale aufweisen. Ungewöhnlich ist, dass die Reservestoffe des Embryos hier nicht in den Keimblättern, sondern in der Keimachse gespeichert sind. Paranüsse sind wohlschmeckend und bei uns in der Weihnachtszeit besonders beliebt. Aufgrund ihres hohen Fettgehaltes werden sie allerdings leicht ranzig. Ihr Name verweist auf den brasilianischen Bundesstaat Pará. Die Bezeichnung Affentopf beruht auf der angeblichen Verwendung der leeren Fruchtschalen als Fallen für Affen: Die Hand hineinzustecken gelingt den potentiellen Opfern leicht, aber hat der Affe erst einmal die verlockende Beute gepackt, bekommt er die Faust nicht mehr durch die relativ enge Öffnung zurück. Bei uns werden solche Affentöpfe gelegentlich in der Floristik verwendet.

## Wo gibt's die Zutaten?

Diverse Nüsse sind in Lebensmittelgeschäften zu bekommen.

## Literatur

Franke: *Nutzpflanzenkunde*

# Inhaltsstoffe, Farben und Anderes

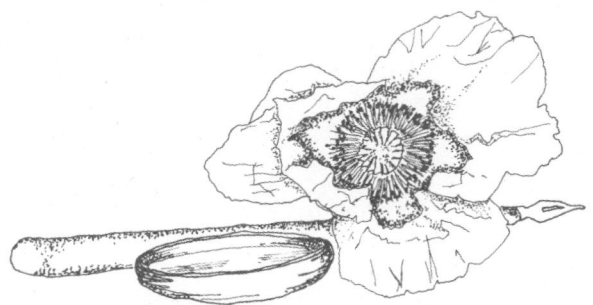

# Feigenkakteen – Futter für farbstoffliefernde Läuse

## Benötigtes Material

Getrocknete Cochenille-Läuse; kleines Gefäß mit Wasser.

## Der Farbstoff aus der Cochenille-Laus

Die Vorführung ist besonders anschaulich, wenn man dabei einen großen, eindrucksvollen Feigenkaktus vorstellt. Feigenkakteen (Opuntien) sind in jedem botanischen Garten vorhanden, aber im Kleinformat auch beliebte Kakteen für das Fensterbrett zu Hause. Die Opuntien sind in Amerika beheimatet, besonders viele Arten kommen in Mexiko vor. Auffällig sind die abgeflachten Sprosse, die manchmal auch als Ohren bezeichnet oder für Blätter gehalten werden. Im Mittelmeergebiet und auf den Kanaren sind Feigenkakteen verwildert. Möglicherweise ist dem einen oder anderen während eines Kanaren-Aufenthaltes aufgefallen, dass viele der dort verwilderten Opuntien von Läusen befallen sind. Es handelt sich um eine Schildlaus

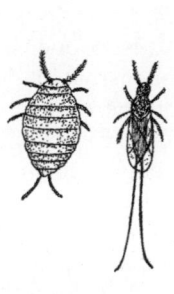
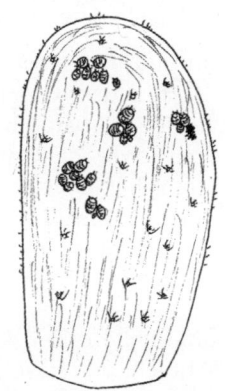

Cochenille-Laus (ca. 5 mm groß)
l.: Weibchen, r.: Männchen

Cochenille-Laus-Kolonie auf
einem »Ohr« eines Feigenkaktus

(Cochenille-Laus, *Dactylopius cacti*), die dort früher auf den Kakteen kultiviert wurde. Aus ihrem Körper kann ein roter Lebensmittel-Farbstoff gewonnen werden. Die Cochenille-Laus wurde nach Unterwerfung der mexikanischen Azteken seit 1532 nach Spanien exportiert. Auf die Kanarischen

*Alter: 6–10 J.; ganzjährig, im Haus und draußen; Dauer: 15 Min.*

Inseln wurde sie ab 1824 gebracht. Der Cochenille-Farbstoff war für Spanien neben Gold und Silber ein sehr wichtiges Handelsprodukt.

Die getrockneten, etwa 2 mm großen, gräulich-schwarzen Läuse werden für den Versuch ein paar Minuten in ein Glas mit etwas Wasser eingeweicht. Sie quellen dabei auf, verdoppeln etwa ihr Volumen und werden weich, das Wasser färbt sich dabei rot. Wenn man die Läuse auf einem Blatt Papier oder auf der Haut zerdrückt, hinterlassen sie eine rote, später nachdunkelnde Spur.

Auch zum natürlichen Färben von Kleidungsstücken ist der Farbstoff geeignet. Ein Stück weißer Baumwollstoff wird in Wasser, das mit Cochenille-Läusen rot gefärbt wurde, gehängt. Wenn man den Stoff in dem roten Wasser ein paar Minuten kochen lässt, bleibt die Farbe lange erhalten.

## Wozu wird der Farbstoff verwendet?

Die auf den Feigenkakteen lebenden Läuse legen 16 Tage lang täglich 400 Eier. Der rote Farbstoff befindet sich in den Weibchen und in den Eiern. Es werden deshalb die Weibchen kurz vor der Eiablage gesammelt. Die Tiere werden in heißem Wasserdampf getötet oder in der Sonne getrocknet. Beim Eintrocknen verlieren sie ein Drittel ihres Körpergewichts.

Der aus den Läusen gewonnene Farbstoff wird zum Rotfärben von Textilien, Campari, Tortenguss, Gummibärchen oder Lippenstift genutzt. Der natürliche Cochenille-Farbstoff hat in der Lebensmittelindustrie die Nummer E 120. Keine Sorge, der Farbstoff ist gut gereinigt, sodass nicht die Gefahr besteht, plötzlich Stückchen von Läusen zwischen den Zähnen zu spüren. Auch wenn die Nachfrage nach diesem natürlichen Farbstoff aufgrund der vielen synthetischen Farben nachgelassen hat, kommen noch immer große Mengen an Läusen aus Peru, Lanzarote, Bolivien und Südafrika auf den Markt. Für die Färbung von Campari werden eigene »Cochenille-Farmen« unterhalten. Ein Vorteil des Cochenille-Farbstoffes besteht darin, dass er lichtecht und geschmacksneutral ist.

## Ergänzungen und weiterführende Versuche

Opuntien sind nicht nur Nahrung für die Cochenille-Läuse, die das Gewebe mit ihren Mundwerkzeugen anbohren und dann den Saft aus den Zellen saugen. Die roten, rundlichen Früchte von *Opuntia ficus-indica* sind auch für uns Menschen äußerst wohlschmeckend.

In einem Gewächshaus mit Kakteen kann nun die Aufgabe gestellt werden, einen ganz besonderen, fruchtenden Kaktus, den noch niemand vorher gesehen hat, zu suchen. Der Kaktus wurde vorher aus einer grünen Honigmelone gebastelt. Die Dornen bestehen aus in die Melone gesteckten Zahnstochern, an deren Ende Gummibärchen (natürlich auch rote!) aufgespießt sind. Der Kaktus hat auch einen Namen: *Ursula gummifera* (von lat. *ursula* = Bärchen und *gummifera* = gummitragend). Selbstverständlich können die Früchte der *Ursula gummifera* gegessen werden.

## Schon gewusst?

Der Cochenille-Farbstoff enthält als färbenden Bestandteil Carmin. Auch ALBRECHT DÜRER hat den Cochenille-Farbstoff für seine Bilder verwendet.

Da Cochenille in Wasser gelöst sehr bitter schmeckt, werden die Läuse nicht von Vögeln oder Mäusen gefressen.

Die Feigenkakteen (insbesondere *Opuntia ficus-indica*) liefern zwar ein beliebtes Obst, doch sind die Dornen und die kurzen, mit Widerhaken versehenen Borsten, mit denen man sich bei der Ernte leicht die Haut verletzen kann, sehr unangenehm. Schon früh bestand deshalb das Interesse, möglichst dornenlose Kakteen auszulesen. Bereits 1769 brachten Missionare des Franziskaner-Ordens aus Mexiko die ersten wenig bedornten und üppig fruchttragenden Feigenkakteen nach Kalifornien. Daher werden die dornenarmen Opuntien in Kalifornien immer noch als »Mission cacti« bezeichnet. Anfang des 20 Jh. war es eine Sensationsmeldung, als es in Kalifornien gelungen war, einen völlig dornenlosen Feigenkaktus zu züchten.

Es gibt außer der auf Opuntien lebenden Schildlaus noch zwei weitere Schildlaus-Arten, aus denen der rote Farbstoff gewonnen werden kann: Die Kermes-Schildlaus (*Kermes vermillio*), die auf der Kermes-Eiche lebt, und die Polnische Cochenille-Laus (*Porphyrophor apolonica*), die an den Wurzeln von Nelkengewächsen sitzt.

## Wo gibt's die Zutaten?

Getrocknete Cochenille-Läuse gibt es in der Apotheke.

## Literatur

Franke: *Nutzpflanzenkunde* • Steinecke, H.: *Von Ananas bis Zimt* http://www.seilnacht.com/Lexikon/Cochenil.htm

# Farborgel mit Rotkohlsaft

## Benötigtes Material

7 gleich große, durchsichtige Trinkgläser; Rotkohlsaft (*Brassica oleracea var. rubra*); Wasser; Essig-Essenz; Backnatron (Backpulver); gegebenenfalls Einwegspritze (50 oder 100 ml) oder kleiner Messbecher; pH-Indikatorpapier.

## Eine Farbreihe von Rot nach Türkis wird hergestellt

Rotkohlsaft kann leicht gewonnen werden, indem einige Rotkohlblätter zerkleinert und kurz mit etwas Wasser aufgekocht werden. Der rote Saft wird anschließend entweder vorsichtig direkt in ein Glas abgegossen oder durch ein feines Sieb gefiltert.

In den Bechergläsern werden Lösungen mit einem unterschiedlichen Säuregrad angesetzt. Die Gläser werden folgendermaßen gefüllt:

Glas 1: 200 ml Essig-Essenz;
Glas 2: 200 ml Leitungswasser + 20 ml Essig-Essenz;
Glas 3: 200 ml Leitungswasser + 10 ml Essig-Essenz;
Glas 4: 200 ml Leitungswasser + 5 ml Essig-Essenz;
Glas 5: 200 ml Leitungswasser + 1 ml Essig-Essenz;
Glas 6: 200 ml Leitungswasser;
Glas 7: 200 ml Leitungswasser + 2 Esslöffel Natronpulver.

Die Lösungen haben einen pH-Wert, der etwa zwischen den Werten 3 (Glas 1) und 8 (Glas 7) liegt. Den pH-Wert kann man mit Indikatorpapierstreifen nachmessen.

Mit einer Spritze oder einem kleinen Messbecher werden jeweils 20 ml des Rotkohlsaftes in jedes Glas gegeben. Für die Experimentierenden ist es oft sehr erstaunlich, wenn sich daraufhin die scheinbar gleichartigen, klaren Flüssigkeiten in den Gläsern ganz unterschiedlich färben. In der unverdünnten Essenz wird der Rotkohlsaft leuchtend rot. In der Farbreihe bis zum Wasser wird er immer blauvioletter und in der Natronlösung ist er türkisblau.

*Alter: alle Altersstufen; ganzjährig, im Haus; Dauer: 10 Min. (mit Vorbereitung) Hilfe eines Erwachsenen erforderlich!*

## Was verursacht die Farbabstufung?

Wie bereits im Blütenumfärbe-Versuch gezeigt wurde, ist die Farbe von Inhaltsstoffen aus einer Blüte oft pH-abhängig. In den Rotkohlblättern sind die gleichen Farbstoffe (Anthocyane) wie in vielen blauen Blüten enthalten. Die Anthocyane des Rotkohls sind im stark sauren Bereich rot gefärbt, im basischen aber blau bis türkisgrün. Die grünblaue Farbe ist ein Mischprodukt aus den blauen Anthocyanen und den ebenfalls im Rotkohl vorhandenen Flavonen, die im basischen Milieu gelb sind.

## Ergänzungen und weiterführende Versuche

Die Farbreaktion ist umkehrbar. Gibt man ein paar Tropfen Zitronensaft in die blaue Lösung, dann wird sie wieder rotviolett. Eine etwas andere Tönung erhält man, wenn man statt Rotkohlsaft in etwas Wasser zerriebene Blüten von Rosen oder Petunien verwendet.

Eine Farbreihe von goldgelb nach braun kann auch mit Tee hergestellt werden. Gibt man reichlich Essig-Essenz oder Zitronensaft in den Tee, färbt sich dieser bernsteinfarben. Durch Zugabe von Natronpulver erhält man einen brauneren Farbton. Da der aufgebrühte Tee nicht so empfindlich auf pH-Änderungen wie Anthocyane reagiert, kann man mit den genannten Zutaten nur etwa vier verschiedene Farbabstufungen herstellen.

## Schon gewusst?

Rotkohl wird häufig mit Äpfeln zubereitet, die nicht nur den Geschmack des Rotkohls aufwerten, sondern ihn aufgrund der Säure auch wirklich rot erscheinen lassen.

## Wo gibt's die Zutaten?

Rotkohl, Zitrone, Natron und Essig-Essenz sind leicht in jedem Supermarkt zu besorgen. Indikatorpapier gibt es in der Apotheke. Nach Einwegspritzen kann man in einer Arztpraxis oder Apotheke fragen. Kleine Messbecher gibt es in Haushaltswarenabteilungen oder beispielsweise in Fachgeschäften für Fotolaborbedarf.

## Literatur

Baer: *Biologische Versuche*
Molisch: *Botanische Versuche und Beobachtungen*

# Tinte aus Eichen-Galläpfeln

## Benötigtes Material

Schraubdeckelglas (z.B. Marmeladenglas); ca. 70%iger Alkohol (Ethanol); mehrere frische Eichen-Galläpfel – das sind apfelartige Wucherungen auf Eichenblättern, hervorgerufen durch die Eichengallwespe (*Cynips quercusfolii*); etwa 5 rostige Eisennägel; Schreibpapier; Pinsel oder Schreibfeder; Kaffeefilter.

## Galläpfel und rostige Nägel reagieren miteinander

Einige halbierte Galläpfel werden in ein mit Alkohol halb gefülltes Glas (es muss Sauerstoff vorhanden sein) gelegt. In die Flüssigkeit gibt man zusätzlich etwa fünf kräftige, verrostete Eisennägel. Der Ansatz bleibt mindestens 24 Stunden stehen; Nägel, Galläpfel und Alkohol können aber auch noch länger zusammen in dem Glas bleiben. Mit der Zeit färbt sich der Alkohol dunkelviolett bis schwarz. Nach Entfernen der festen Bestandteile und Abfiltern erhält man eine dunkle, wässrige Flüssigkeit, mit der man mit einem Pinsel oder einer Feder auf einem weißen Blatt Papier schreiben kann – fertig ist eine selbst gemachte Tinte.

## Was ist Gallustinte?

In dem oben beschriebenen vereinfachten Ansatz bilden sich aus Rost (Eisenoxid) unter Einwirkung der Gerbstoffe aus den Galläpfeln schwarze Eisenkomplexe. Eisengallustinte wird häufig erst auf dem Papier schwarz. Eine verfeinerte Methode wurde im Mittelalter zur Herstellung der dokumentenechten Gallustinte angewendet. Statt Rost verwendete man Eisenvitriol (Eisen(II)-Sulfat), das sich an der Luft mit der aus den Gallen stammenden Gallussäure zu Eisen(III)-Gallat umwandelte.

## Ergänzungen und weiterführende Versuche

Galläpfel werden durch verschiedene Insekten verursacht, die das Gewebe zu Wucherungen anregen. Wenn z.B. eine Eichengallwespe ein Ei im Blatt abgelegt hat, wird das umliegende pflanzliche Gewebe zum Wachstum angeregt. Im Innern des Gallapfels entwickelt sich die Larve, womit die Galle also eine Schutzhülle und Nahrungsquelle für das heranwachsende Insekt ist. Abhängig von der Wespen- und Eichenart können

*Alter: alle Altersstufen; Herbst, im Haus; Dauer: 1 Tag (mit Wartezeit)*
*Hilfe eines Erwachsenen erforderlich!*

Galläpfel unterschiedliche Größen und Formen einnehmen. Sie enthalten reichlich Gerbstoffe (häufig über 50 %). Wenn man im Herbst frische, noch weiche Galläpfel aufschneidet, kann man in der zentralen Höhle die Larve oder gar schon das fertig entwickelte Insekt ausfindig machen. Man kann aber auch Galläpfel, aus denen das Insekt noch nicht geschlüpft ist, im Zimmer in einem verschlossenen Glas aufbewahren. Das Glas wird am besten mit einer Haushaltsfolie verschlossen, die mit einer Nadel durchlöchert wurde, damit immer genügend Sauerstoff für das sich entwickelnde Tier vorhanden ist. Nach einiger Zeit schlüpft das Insekt im Glas.

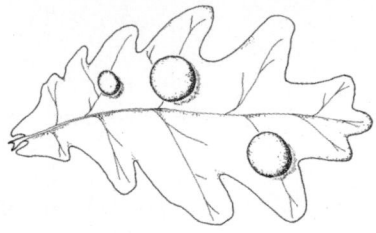 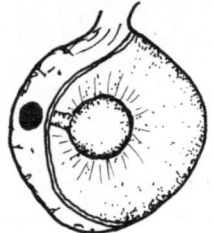

## Schon gewusst?

Gerbstoffe aus Gallen gehen mit in der tierischen Haut enthaltenen Eiweißen unlösliche, nicht quellbare Verbindungen ein, wodurch Haut in Leder umgewandelt wird. So genannte Knoppern, das sind unregelmäßig geformte, durch Wespen verursachte Gallen aus Österreich und Ungarn, werden zum Gerben von Schuhsohlen verwendet. Färbt man mit Gallen Leder und gibt Eisenvitriol dazu, wird das Leder, ähnlich wie die Tinte, schwarz. Werden ausschließlich mit der Gerbsäure aus Galläpfeln Textilien gefärbt, ergeben sich nur Grautöne.

## Wo gibt's die Zutaten?

Den Alkohol bekommt man in der Apotheke. Rostige Nägel erhält man, wenn man unverrostete Nägel etwa zwei Wochen lang an eine feuchte Stelle legt. Eichen-Galläpfel sind gegen Ende des Sommers in Form von etwa kirschgroßen Wucherungen an Eichenblättern häufig anzutreffen. Im Herbst fallen sie mit dem Laub zu Boden und können während eines Waldspaziergangs gesammelt werden.

## Literatur

Düll, Kutzelnigg: *Taschenlexikon der Pflanzen Deutschlands*
Haug: *Naturkundliches Arbeitsbuch* • Molisch: *Botanische Versuche und Beobachtungen* • http://www.tinten-online.de

# Ätherisches Öl aus Johanniskraut

## Benötigtes Material

Johanniskraut (*Hypericum perforatum*) mit Knospen und Blüten; Blatt weißes Papier; 70%iger Alkohol (Ethanol); Lupe.

## Blüten und Knospen werden zwischen den Fingern zerrieben

Schon mit bloßem Auge, besser allerdings mit einer Lupe, kann man auf den Knospen und den Kronblättern geöffneter Blüten dunkle Punkte erkennen. Es handelt sich um Ansammlungen des dunkelrot gefärbten ätherischen Johanniskrautöls. Zerreibt man nun einige Knospen und Blüten zwischen den Fingern oder zerdrückt sie auf einem Blatt weißem Papier, ist das ausgetretene tief rote Öl gut zu erkennen. Es kann aber auch ein alkoholischer Pflanzenauszug hergestellt werden. Dazu werden die Blüten und Knospen des Johanniskrautes in ein Glas mit Ethanol gelegt. Da sich das Öl im Alkohol leicht löst, färbt sich die alkoholische Lösung nach etwa einer halben Stunde ebenfalls deutlich rot. Verschiedene Volksnamen für das Johanniskraut sind auf das rote Öl zurückzuführen, denn es wird auch als Christi Kreuzblut, Herrgottsblut oder St. Johannis-Blut bezeichnet.

## Wo befindet sich das Öl?

Ätherisches Öl ist nicht nur in den Blüten des Johanniskrautes vorhanden. Hält man ein Laubblatt des Johanniskrautes gegen Licht oder betrachtet es bei Durchlicht unter dem Binokular, erscheint es wie von einer Nadel zerstochen oder perforiert (daher auch der wissenschaftliche Name *Hypericum perforatum*). Ein anderer Name des Johanniskrautes ist Tüpfelhartheu, welcher außer auf die punktierten Blätter auf den harten Stängel der Pflanze hinweist.

Die Tüpfel sind keine Löcher, sondern helle, geschlossene Bereiche im Blatt, in denen sich farbloses Öl ansammelt. Die Ölbehälter reichen von der obersten bis zur untersten Schicht des Blattes und sind innen von Drü-

*Alter: alle Altersstufen; Sommer, im Haus und draußen; Dauer: 10 Min.*

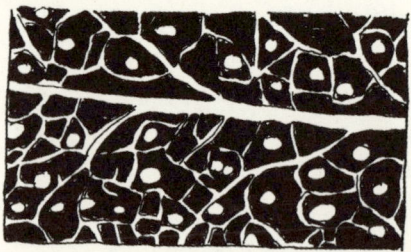

senzellen ausgekleidet. Diese sind in ein Grundgewebe eingeschlossen und grenzen an Zwischenräume zwischen Zellen (Interzellularen). Diese Zwischenräume sind durch das Auseinanderweichen der Drüsenzellen entstanden. In diesen Behältern kann sich das ätherische Öl sammeln.

## Ergänzungen und weiterführende Versuche

Johanniskraut wirkt beruhigend, nervenstärkend und stimmungsaufhellend. Es ist harn- und galletreibend und hilft bei Durchfall. Aus dem getrockneten Kraut lässt sich ein Tee aufbrühen. Dazu werden 2 gehäufte Teelöffel des getrockneten Krautes mit einem Viertelliter kochendem Wasser übergossen und 10 Minuten ziehen gelassen. Nach dem Abfiltern der festen Bestandteile ist der Tee fertig. Es ist zu beachten, dass die Inhaltsstoffe des Johanniskrautes (besonders auch das ätherische Öl) die Haut UV-empfindlich machen und bei längerfristiger Einnahme von Johanniskraut-Tee oder Verwendung von Johanniskrautöl starkes Sonnenlicht oder intensive Strahlung in höheren Lagen vermieden werden sollten. Selbst bei Kühen, die große Mengen an Johanniskraut gefressen hatten, wurde schon Sonnenbrand festgestellt. In alten Legenden heißt es, dass Kühe, die Johanniskraut gefressen haben, rote Milch bekommen.

## Schon gewusst?

Johanniskraut spielte im mittelalterlichen Glauben eine bedeutende Rolle, denn man sprach der Pflanze die Eigenschaft zu, Dämonen, Teufel und Hexen vertreiben zu können. Es gibt die Legende, dass der Teufel ein hübsches Mädchen begehrte und verfolgte. Dieses flüchtete und setzte sich auf ein Johanniskraut, worauf es vor dem Teufel geschützt war. Daraufhin war dieser so erzürnt, dass er mit einer Nadel die Blätter des Johanniskrautes durchlöcherte.

Das Johanniskraut wurde früher für ein Liebesorakel gehalten. Junge Mädchen, die an ihren Liebsten dachten, zerdrückten zwischen ihren Fingern die Blütenknospen. Trat ein roter Saft aus, war das ein gutes Omen für die Liebe, farbloser Saft bedeutete, dass der junge Mann das Mädchen nicht liebt („ist mir mein Schatz gut, kommt rotes Blut; ist er mir gram, gibt's nur Scham (Schaum)").

## Wo gibt's die Zutaten?

Das Johanniskraut kommt bei uns häufig in lichten Wäldern oder an sonnigen und trockenen Standorten, z.B. auf Schuttplätzen oder an Bahngleisen, vor. Es ist heute über die ganze Welt verbreitet. Im frühen Sommer (um Johanni, 24. Juni) öffnen sich die leuchtend gelben Blüten, die in trugdoldigen Blütenständen angeordnet sind. Die Art ist durch ihren zweikantigen bis runden Stängel und die perforierten Blätter von dem Gefleckten Johanniskraut (*Hypericum maculatum*) mit vierkantigem Stängel zu unterscheiden. Letztere Art kommt in mageren Wiesen vor und ist nicht zur Gewinnung des Öles geeignet. Den Alkohol bekommt man in der Apotheke.

## Literatur

Düll, Kutzelnigg: *Taschenlexikon der Pflanzen Deutschlands* • Hiller, Melzig: *Lexikon der Arzneipflanzen und Drogen* • Rätsch: *Enzyklopädie der psychoaktiven Pflanzen* • Steinecke, Schubert, Pohl-Apel: *Druidenfuß und Hexenkessel*

# Lampe mit Selbstzündung

## Benötigtes Material

Kleines schmalhalsiges Glasfläschchen (z.B. Mini-Likör- oder Sirupflasche mit Metalldeckel); dünner Kerzendocht; Nagel; ätherisches Öl, z.B. Teebaum- (*Melaleuca*) oder Citrusöl (*Citrus*).

## Eine Öllampe wird selber gebaut

Mit einem kräftigen Nagel durchbohrt man den Deckel der kleinen Glasflasche und schiebt ein Stück Docht durch die Öffnung. Dann füllt man die Flasche mit ätherischem Öl und schraubt den Deckel zu. Schon hat man sich selbst eine einfache Öllampe gebaut. Der Docht kann nun entzündet werden. Dies sollte möglichst draußen geschehen, da die Flamme stark rußt und sich ein intensiver, manchmal etwas unangenehmer Duft nach ätherischem Öl lange im Zimmer hält. Wenn die Flamme etwa eine Minute gebrannt hat, bläst man sie aus. Wird unmittelbar danach ein brennendes Streichholz etwa einen Zentimeter über das Ende des Dochtes gehalten, fängt dieser wieder zu brennen an.

## Warum entzündet sich der Docht von selbst?

Vom noch rauchenden Docht steigt ätherisches Öl auf, das eine Art Brücke zwischen dem Docht und dem angezündeten Streichholz bildet. Beim Anzünden des Streichholzes können sich die Reste des aufsteigenden ätherischen Öls entzünden, die Flamme leuchtet wieder auf.

## Ergänzungen und weiterführende Versuche

In der Schale von Citrusgewächsen befindet sich in speziellen Ölbehältern reichlich ätherisches Öl in Tröpfchenform. Eine frische Orange oder Mandarine wird geschält und die Schale (am besten in einem abgedunkelten

*Alter: 6–10 J.; ganzjährig, draußen; Dauer: 10 Min.*
*Hilfe eines Erwachsenen erforderlich!*

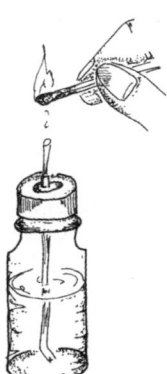

·Raum) über einer Kerzenflamme mit den Fingern kräftig gebogen und ausgedrückt, wobei die helle Seite nach innen klappt. Gelangt das Öl in die Flamme, entstehen beim Verbrennen knisternde Funken; außerdem verbreitet sich ein angenehmer Citrusduft. Ätherische Öle können aber auch hörbar gemacht werden. Unter ein frisches Lorbeerblatt (*Lauris nobilis*) – noch besser geeignet sind Blätter des bisweilen in botanischen Gärten gepflanzten Kalifornischen Lorbeers (*Umbellularia californica*) – wird ein brennendes Feuerzeug oder eine brennende Kerze gehalten. Da die verbrennenden ätherischen Öle nicht sofort aus dem derben Blatt entweichen können, beginnen sie im Blatt zu knistern.

## Schon gewusst?

Es gibt viele exotische ätherische Öle, so z. B. das Teebaumöl aus der aus Australien stammenden Myrtenheide (*Melaleuca*), die wie Eukalyptus zu den Myrtengewächsen gehört. Aber auch in Europa sind zahlreiche Pflanzen mit ätherischen Ölen heimisch (z. B. Lippenblütler wie Minze, Wilder Majoran, Salbei, Thymian). Pflanzen mit ätherischen Ölen wachsen häufig an trockenen und sonnigen Standorten, wo von Blättern abgegebene ätherische Öle einen Verdunstungsschutz darstellen können. Durch ihren häufig bitteren Geschmack halten sie aber auch Fraßfeinde fern.

## Wo gibt's die Zutaten?

Entsprechende Glasflaschen mit Inhalt kann man in jedem Supermarkt kaufen, ätherische Öle beispielsweise in Drogerien, Kerzendochte z.B. in Bastelbedarfsgeschäften.

## Literatur

Düll, Kutzelnigg: *Taschenlexikon der Pflanzen Deutschlands* • Duve, Völker: *Lexikon berühmter Pflanzen* • Rauh: *Morphologie der Nutzpflanzen* Schmeil, Fitschen: *Flora von Deutschland und angrenzender Länder*

# »Brennendes Eis«

## Benötigtes Material

Flache Schale mit Eis oder besser Schnee, nett sehen auch Eisstückchen in Tier- oder Pflanzenform aus, die man in Eisförmchen für Cocktails herstellen kann; Kampferpulver (*Cinnamomum camphora*).

## Das Eis wird verbrannt

Ein paar Stunden vor Versuchsbeginn sollte man in einer flachen Kunststoffschale im Gefrierfach oder einer Kühltruhe Wasser eingefroren haben. Noch schöner ist es, wenn im Winter frischer Schnee zur Verfügung steht. Das aus der Schale geklopfte Eisstück oder der Schnee wird mit dem weißen Kampferpulver bestreut. Auf dem Eis wirkt es wie ein Häufchen Schnee. Das Eisstück wird an einen für alle Zuschauenden gut sichtbaren Platz in geeignetem Abstand zu den Personen auf eine feuerfeste Unterlage gelegt. Bestreut man einen frisch geformten Schneeball mit dem Kampferpulver, ist dieses kaum zu erkennen und der Versuch umso beeindruckender. Das Kampferpulver auf dem Eis oder dem Schneeball wird nun angezündet. Er brennt im Nu lichterloh und duftet dabei sehr aromatisch. Man hat den Eindruck, als ob das Eis oder der Schnee brennen würde.

## Welche Bedeutung hat Kampfer?

Kampfer wird schon seit über 1000 Jahren in China aus dem Kampferbaum gewonnen. Er enthält das aromatische Kampferöl. Bereits die Blätter des nicht winterharten und deshalb bei uns schwer verfügbaren Baumes duften sehr aromatisch. Die größten Mengen an Kampferöl befinden sich wie auch bei dem mit Kampfer eng verwandten Zimtbaum (*Cinnamomum verum*) in der Rinde. Kampfer wird durch Destillation aus kleinen Holzstückchen und Auskristallisation gewonnen. Wie viele ätherische Öle und Harze brennt Kampfer gut und duftet stark aromatisch. Den Pflanzen verleihen Harze und ätherische Öle Schutz vor Verletzungen (z.B. Verkleben der Wunden durch heraustropfendes Harz), Pilzbefall und Fraßfeinden.

*Alter: alle Altersstufen; ganzjährig, draußen; Dauer: 15 Min. (vorher Eis herstellen)*
*Hilfe eines Erwachsenen erforderlich!*

## Ergänzungen und weiterführende Versuche

Auch die Rinde des verwandten Zimtbaumes kann geräuchert werden. Zimt-Räucherstäbchen sind im Handel (z.B. in Esoterikläden) erhältlich. Gewürz-Zimtstangen sind zum Räuchern schlecht geeignet.

## Schon gewusst?

In China ist Kampfer schon lange eine wichtige Medizin gegen allerlei Beschwerden sowie ein rituelles Räuchermittel. Er wurde als König der fernöstlichen Heilpflanzen bezeichnet. Kampfer wird auch bei uns als Heilmittel, nämlich besonders bei Erkältungskrankheiten, Husten und Schüttelfrost, oder als Insektenschutzmittel eingesetzt.

In Europa war der Zimt, der wie Kampfer stark aromatisch ist, ein sehr kostbares Gewürz. In einer über 130 Jahre alten Beschreibung der Nutzpflanze Zimt wird der einst so hohe Wert des Zimtes und der wohl angenehme Geruch beim Verbrennen, ähnlich wie beim Kampfer, deutlich:

„Bekannt ist die Erzählung von dem Aufenthalt des Kaisers Karl V., bei dem in den Grafenstand erhobenen reichen Handelsherrn Fugger in Augsburg. Der Kaiser hatte sich bei diesem eine bedeutende Summe gegen Schuldschein geliehen. Als er im Frühling 1530 von Italien zurückkehrte, stattete er seinem Gläubiger einen Besuch ab und entschuldigte sich, dass er die geliehene Summe noch nicht habe zurückzahlen können. Die Hände reibend, denn es war ein kühler Tag, bemerkte der Kaiser im Verlauf des Gespräches, man merke doch recht deutlich den Unterschied zwischen dem italienischen und deutschen Klima. Der reiche Graf und Handelsherr brachte sogleich einige Bündel der kostbaren Zimtrinde herbei, legte sie in den Kamin, des Kaisers Schuldverschreibung darauf und zündetet das herrliche Brennmaterial an. Ja wohl war es ein kostbares Feuer, denn 1 Loth Zimt kostete damals in Deutschland einen Dukaten". (aus: Wirth, *Bilder aus der Pflanzenwelt*)

## Wo gibt's die Zutaten?

Synthetisches Kampferpulver, das für den Versuch ebenso wie das echte gut geeignet ist, bekommt man in der Apotheke. Echter Kampfer stammt aus der Rinde des Kampferbaumes (*Cinnamomum camphora*).

## Literatur

Rätsch: *Enzyklopädie der psychoaktiven Pflanzen* • Steinecke, H.: *Von Ananas bis Zimt* • Wirth: *Bilder aus der Pflanzenwelt*

# Tolle Kleister-Knolle

## Benötigtes Material

Eine größere Kartoffel (*Solanum tuberosum*); Küchenreibe; 2 kleine Schüsseln; Küchenhandtuch; Butterschmelztiegel; Lugolsche Lösung.

## Die Kartoffelstärke wird zum Kleister

Eine gewaschene Kartoffel wird geschält und dann auf einer Küchenreibe möglichst fein zerrieben. Die Kartoffel-Raspeln werden mit etwa 50 ml Wasser verrührt, bis ein gelblicher Saft entstanden ist. Dieser wird anschließend durch ein altes Küchenhandtuch gepresst. Der feste Rückstand wird verworfen, die Flüssigkeit lässt man etwa zehn Minuten in einer Schüssel stehen. In dieser Zeit setzt sich die Kartoffelstärke ab. Nach vorsichtigem Abgießen des Überstandes ergibt sich aus einer Kartoffel etwa ein Teelöffel einer weißen, milchartigen Stärkelösung. Diese gibt man mit

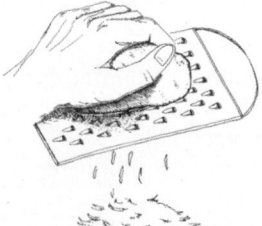

einer kleinen Menge Wasser in einen Butterschmelztiegel. Die Stärkelösung wird anschließend auf etwa 50 °C erhitzt, wobei die Stärke quillt und dickflüssig wird. Der Kleister ist fertig. Um zu prüfen, ob es sich wirklich um Stärke handelt, kann man einen kleinen Tropfen der Lugolschen Lösung dazugeben. Der Tropfen verfärbt sich sofort schwarzblau. Nach Abkühlen kann ein Foto mit dem Kleister eingerieben und auf ein Papier gedrückt werden – nach dem Eintrocknen klebt es fest.

---

*Alter: 6–10 J.; ganzjährig, im Haus; Dauer: 30 Min.*
*Hilfe eines Erwachsenen erforderlich!*

## Wie ist die Kartoffelstärke aufgebaut?

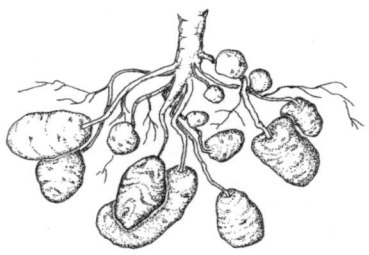

Die Kartoffelknolle ist ein unterirdisches Speicherorgan der Kartoffelpflanze (*Solanum tuberosum*). Die Zellen des Speichergewebes sind dicht mit Stärkekörnern ausgefüllt, die beim Zerreiben frei werden. Die Stärkekörner werden innerhalb der Zellen in rundlichen, von einem Membransystem umgebenen Gebilden, den so genannten Amyloplasten, gebildet. Um ein Bildungszentrum wird dabei die Stärke in exzentrischen Ringen angelagert. Da die Dichte innerhalb jeder Schicht von innen nach außen abnimmt, sind unter dem Mikroskop die Grenzen der Schichten als Ringe zu erkennen. Pro Tag werden etwa 2–3 Schichten angelagert. Manchmal entstehen auch zusammengesetzte Stärkekörner mit 2–3 Bildungszentren. Bei Erwärmung quellen die Stärkekörner im Wasser auf und verkleistern. Die zähe Masse ist wie Tapetenkleber, der ja auch aus Stärke besteht, zu verwenden.

### Ergänzungen und weiterführende Versuche

Stärkekörner aus Kartoffeln oder eingeweichten Getreidekörnern können unter dem Mikroskop betrachtet und der unterschiedliche Bau der Stärkekörner sollte verglichen werden.

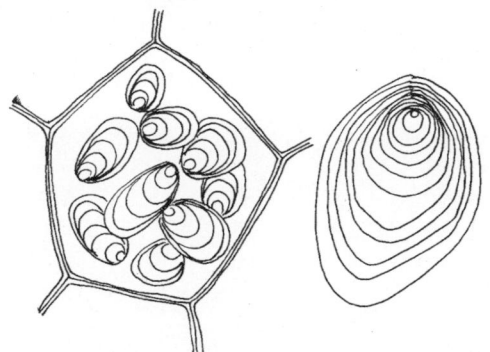

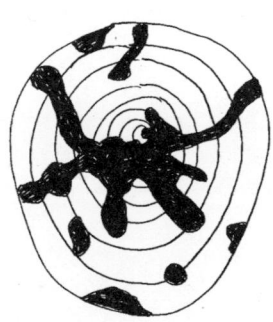

Links: Kartoffelzelle mit Stärkekörnern;
Rechts: einzelnes Stärkekorn der Kartoffel (exzentrisch)

Konzentrisches Stärkekorn aus Weizen; die Stärke wird gerade abgebaut, das Korn beginnt zu korrodieren.

## Schon gewusst?

Kartoffelstärke und Maisstärke (z. B. Mondamin) werden in großen Mengen für technische Zwecke gewonnen. Zur Osterzeit kann man diese Klebereigenschaften dazu verwenden, Ostereier mit selbst gemachtem Kleister in Serviettentechnik zu verzieren. Dazu wird Kleister aus Kartoffelstärke hergestellt und damit ein ausgeblasenes Hühnerei eingerieben. Darauf werden nun kleine gerissene Stückchen aus Serviettenpapier – oder besser noch aus in Schreibwarengeschäften erhältlichem handgeschöpftem Papier – fest angedrückt, sodass die ursprüngliche Oberfläche völlig bedeckt ist. Verwendet man verschieden gefärbte oder gemusterte Papierstückchen, ergibt sich auf dem Ei eine interessante Musterung. An einem Faden wird das Ei zum Trocknen aufgehängt, fertig ist ein origineller und ganz persönlicher Osterschmuck.

## Wo gibt's die Zutaten?

Die benötigten Hilfsmittel gibt es in jedem Haushalt. Lugolsche Lösung bekommt man in der Apotheke oder im Laborchemikalienhandel.

## Literatur

Franke: *Nutzpflanzenkunde* • Häfner: *Das Öko-Testbuch. Analysen und Experimente zur Eigeninitiative* • Harborne: *Ökologische Biochemie* Lück: *Von Abalone bis Zuckerwurz* • Molisch: *Botanische Versuche und Beobachtungen*

# Fettlösliche Bestandteile aus der Möhre

## Benötigtes Material

Möhre (*Daucus carota*); Küchenreibe; Haushalts- oder Babyöl (farblos); Becher- oder Marmeladenglas.

## Isolieren von Karotin

Eine Möhre wird mit einer Küchenreibe in kleine Stückchen zerrieben. Die Möhrenraspeln werden anschließend in ein Glas gegeben; das Glas wird so weit mit Wasser aufgefüllt, dass die Möhrenstückchen bedeckt sind. Danach werden 10–20 ml des Öls dazugegeben, das sich sofort über der Wasserschicht absetzt. Es ist günstig, das Glas samt Inhalt kurz durchzuschütteln. Schon bald ist das ehemals farblose Öl leuchtend gelborange gefärbt. Zwischen Wasser und der oberen orange gefärbten Fettschicht bildet sich häufig eine hellgelbe Zone aus, in der sich durch das Schütteln Luftblasen gesammelt haben.

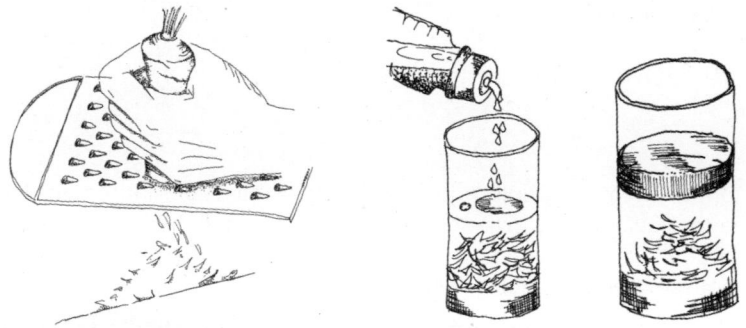

## Fettlösliche Bestandteile

Die gelborange Farbe im Öl wird durch das fettlösliche ß-Karotin verursacht, das in der Rübe gespeichert ist. Es wird auch als Provitamin A bezeichnet, da es im menschlichen Darm in das Vitamin A (Retinol) gespalten wird.

*Alter: 6–16 J.; ganzjährig, im Haus; Dauer: 30 Min.*

Möhren werden nicht nur für den Verzehr angebaut. Besonders in den USA wird sehr viel Karotin extrahiert, um damit Margarine zu färben und um Vitamin A herzustellen.

## Ergänzungen und weiterführende Versuche

Auch aus anderen Pflanzenteilen können fettlösliche von wasserlöslichen Bestandteilen getrennt werden. Die Blüten einiger Tulpen beispielsweise werden sowohl durch die gelben fettlöslichen Karotinoide als auch durch wasserlösliche blaue oder rote Anthocyane gefärbt. Kocht man Tulpenblüten (am besten orange Blütenblätter mit innerem dunklen Fleck) in Wasser auf, filtert den Saft ab und versetzt ihn mit Öl, dann trennt sich nach einiger Zeit die gelbe, karotinoidhaltige ölige Phase vom roten, anthocyanhaltigen Wasser.

Einen vergleichbaren Versuch kann man mit Blättern des rotlaubigen Japanischen Ahorns durchführen. Das Blattgrün ist dort durch Anthocyane überdeckt, sodass die Blätter rot aussehen. Einige Ahornblätter werden zermörsert und gekocht, die gröberen Bestandteile abgefiltert. Wenn in einem Reagenzglas zu dem Saft etwas Öl gegeben wird, setzen sich in der Ölschicht die grünen Chlorophylle ab. Die wässrige Phase ist durch Anthocyan rötlich gefärbt.

## Schon gewusst?

Die Möhre ist eine alte Kulturpflanze, die etwa seit 1000 Jahren als Kulturpflanze angebaut wird. Die Kulturmöhre ist möglicherweise ein Kreuzungsprodukt aus der bei uns heimischen Wilden Möhre (*Daucus carota*) und der im Mittelmeergebiet heimischen Riesenmöhre (*Daucus maximus*).

Übrigens, die rosa Gefiederfärbung der Flamingos entsteht durch Karotin, das in der Hauptnahrung (Krebse) der Vögel enthalten ist. Je nach Futterangebot in zoologischen Gärten muss deshalb Karotin der Nahrung künstlich beigemischt werden, um die typische Gefiederfärbung zu erhalten.

## Wo gibt's die Zutaten?

Die Zutaten für den Versuch sind im Haushalt vorhanden oder können leicht in jedem Supermarkt besorgt werden.

## Literatur

Franke: *Nutzpflanzenkunde*

# Pflanzliche Saftblasen

## Benötigtes Material

Frisch abgeschnittene Stängel von Kürbis (*Cucurbita pepo*) oder Gurke (*Cucumis sativus*); dünnes Stück eines hohlen Grashalmes (darf nicht durch einen Knoten unterbrochen sein), der Durchmesser der Röhre sollte etwa einen halben Millimeter betragen.

## Die Blasen entstehen

Die Stängel werden angeschnitten, sodass der frische Saft austritt. Dieser wird mit etwas Wasser verdünnt. Ein Ende des Grashalmes wird in die Flüssigkeit getunkt. Wenn man nun vom anderen Ende vorsichtig Luft durch den Halm pustet, entstehen aus dem Saft Blasen. Je mehr Saft mit dem Halm aufgefangen wurde, desto größere Blasen lassen sich erzeugen. Sie schillern im Licht ähnlich wie Seifenblasen.

## Warum platzen die Blasen erst so spät?

Mit etwas Glück kann man aus den Pflanzensäften Blasen erzeugen, die einen Durchmesser von mehreren Zentimetern erreichen. Die Zusammensetzung der Säfte ist unterschiedlicher Natur. Durch blasenbildende Säfte wird die Oberflächenspannung herabgesetzt; je geringer sie ist, desto größere Blasen lassen sich erzeugen.

## Ergänzungen und weiterführende Versuche

In vielen Pflanzen vorhandene Seifenstoffe werden als Saponine bezeichnet. Mit Saponinen können zwar keine so großen Blasen wie mit dem Kürbissaft produziert werden, aber sie lassen in Wasser gelöst immerhin einen Schaum aus vielen kleinen Bläschen entstehen. Die Wurzeln des Seifenkrautes (*Saponaria officinalis*) beispielsweise enthalten 3–5 % Saponin, auch in Samen der Rosskastanie (*Aesculus hippocastanum*) ist reichlich Saponin enthalten. Wenn man kleine Wurzelstückchen des Seifenkrautes oder klein gehackte Rosskastanien mit Wasser vermischt, ergibt sich eine schäumende, seifige Lösung.

*Alter: 6–10 J.; ganzjährig, im Haus und draußen; Dauer: 10 Min.*

## Schon gewusst?

Die Saponine des Seifenkrauts (*Saponaria officinalis*) wirken schleimlösend und wurden in der Volksmedizin als Mittel gegen Husten verwendet. Das Seifenkraut wurde noch bis zum Beginn des letzten Jahrhunderts angebaut, um aus den Wurzeln einen Seifenersatz herzustellen.

## Wo gibt's die Zutaten?

Kürbis und Gurke sind häufige Gemüsepflanzen, die man in vielen Nutzgärten findet. Zierkürbisse kann man sich auch leicht in einem Kübel auf Balkon oder Terrasse heranziehen.

## Literatur

Fischer-Rizzi: *Blätter von Bäumen* • Laudert: *Mythos Baum* • Molisch: *Botanische Versuche und Beobachtungen* • Nickol: *Die zauberhafte Pflanzenwelt*

# Wasserfarbe aus Mohnblüten

## Benötigtes Material

Blüten von Klatschmohn (*Papaver rhoeas*) oder Türkenmohn (*Papaver orientale*); Mörser oder Porzellanschälchen und Kieselstein; feiner Sand (Seesand); Kaffeefilter; kleines Becherglas; Vogelfeder; Schreibpapier.

## Die Farblösung wird angerührt

Die Blütenblätter des Mohns werden mit der Hand in kleine Stücke gerissen und zusammen mit etwas feinem Sand in einen Mörser oder eine Porzellanschale gegeben. Abhängig von der Menge der Blütenblätter werden einige Tropfen Wasser dazugegeben, sodass die Blütenblätter anschließend von Wasser bedeckt sind. Mit einem Stein oder Stößel werden die Blütenblätter zerrieben, bis ein roter Saft entstanden ist. Dieser wird abfiltriert oder vorsichtig aus dem Reibgefäß in ein kleines, sauberes Glas abgeschüttet. Die Wasserfarbe ist fertig und zum Schreiben oder Malen einsatzbereit. Eine Vogelfeder wird am Kiel schräg abgeschnitten und kann nun in die rote Flüssigkeit getunkt werden. Auf Papier lässt sich damit gut schreiben. Die rote Farbe allerdings dunkelt schnell nach, die Schrift auf dem Papier ist später blauviolett.

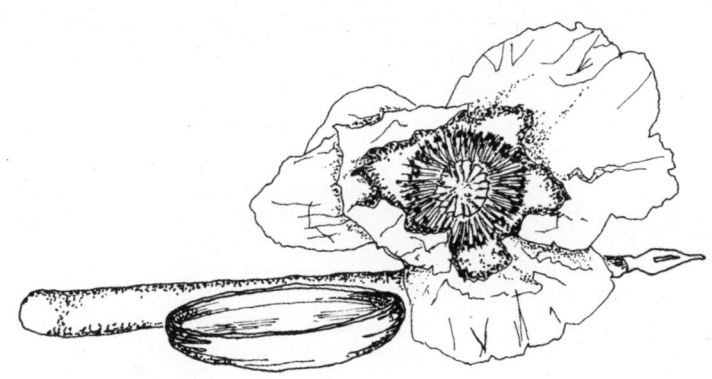

*Alter: 6–10 J.; Sommer, im Haus; Dauer: 30 Min.*

## Woraus besteht die Tinte?

Die Farbstoffe in der Mohnblüte (u.a. Anthocyane) sind wasserlöslich. Durch Zerreiben des Gewebes werden sie aus der Zellvakuole freigesetzt und lösen sich in Wasser.

## Ergänzungen und weiterführende Versuche

Farbstoffe sind nur dann zum Schreiben oder Zeichnen gut geeignet, wenn sie einigermaßen lichtecht sind und nicht nach kurzer Zeit unter UV-Einwirkung verblassen. Die Haltbarkeit wasserlöslicher Farben aus Blüten und Blättern kann ausprobiert werden, indem man Papier – mit unterschiedlichen »Tinten« beschrieben – auf eine sonnige Fensterbank legt. Anschließend wird die Zeit bis zum Verblassen der Farbe notiert. Chlorophyll, der grüne Farbstoff aus den Blättern, lässt sich ebenso wie die Mohnblütentinte durch Mörsern gewinnen. Es zersetzt sich im Licht sehr schnell.

## Schon gewusst?

In der heimischen Pflanzenwelt ist eine leuchtend rote Blütenfarbe wie die des Mohns sehr selten. Rote Blüten gibt es dagegen vermehrt in den Tropen. Diese werden dort meistens von Vögeln, die rote Farbtöne besonders gut wahrnehmen, bestäubt. Bienen dagegen erkennen besser blauviolette Farbtöne. Für unser Auge nicht erkennbar sind auf den Mohnblüten UV-Male vorhanden, die für das Bienenauge als kontrastreiches Muster zu sehen sind.

Der Klatschmohn stammt aus dem Mittelmeerraum. Er kann in Getreidefeldern in großen Mengen auftreten, durch Herbizideinsatz sind solche Mohnfelder bei uns jedoch heute selten geworden. Aufgrund der hohen Samenproduktion galt der Mohn als Fruchtbarkeits- und Liebessymbol.

Der Gattungsname *Papaver* war bereits bei den Römern als Name des Mohns gebräuchlich; *mekon rhoias* ist in dem Pflanzensystem des griechischen Arztes DIOSKURIDES der Name einer Mohnart, die ihre Blüten schnell abwirft. Das Wort »Mohn« (althochdeutsch *mage, mago*) ist verwandt mit dem griechischen *mekon* = Mohn. Die seit alter Zeit als Hustenmittel gebrauchte Blütendroge »Flores Rhoieades« dient heute noch als Zusatz zu Hustentees, jedoch meist nur, um dem Tee eine rote Farbe zu verleihen. Die Droge enthält weniger als 0,1 % Alkaloide; Hauptalkaloid ist Rhoeadin.

## Wo gibt's die Zutaten?

Klatschmohn ist ein Ackerwildkraut, das im Frühsommer (Juni) blüht. Stellenweise ist er an Straßenböschungen und auf Brachland in großen Beständen anzutreffen. Für den Versuch ebenso geeignet sind die Blüten des Türkenmohns (*Papaver orientale*), der als kräftige Zierstaude in vielen Gärten wächst.

## Literatur

Marzell: *Wörterbuch der deutschen Pflanzennamen* • Steinecke, H.: *Korn – Brot, Getreide, Gräser* • http://www.tinten-online.de

# Mit Milch und Zitronensaft Figuren modellieren

## Benötigtes Material

1/3–1/4 l frische Milch (keine H-Milch!); Kochtopf; Zitrone (*Citrus limon*); Zitronenpresse; feinmaschiges Sieb (z.B. Teesieb); Trinkglas; Plätzchen-Ausstechform; Frühstücksbrettchen.

## Die Modelliermasse wird hergestellt

In einem kleinen Kochtopf wird die Milch zusammen mit dem frisch ausge-pressten Saft einer Zitrone erwärmt. Sobald die Milch warm wird, bilden sich in ihr zähe Klümpchen, die mit zunehmender Temperatur größer wer-den. Die Milch gerinnt. Allerdings darf die Temperatur 80 °C nicht über-schreiten, da sich dann die Klumpen wieder auflösen. Die geronnene Milch-Masse wird durch das Sieb in ein Glas gegossen, sodass die klare, gelbliche Flüssigkeit (Molke) von den verklumpten Milchbestandteilen getrennt wird. Durch das Sieb lässt man nach Möglichkeit noch ein paar Minuten Reste überschüssiger Molke abtropfen. Man kann den Vorgang durch Zusammen-drücken der Masse mit einem Löffel etwas beschleunigen. Die gummi-artige, weiße Substanz kann anschließend aus dem Sieb auf ein Brettchen gekippt und geknetet werden. Es lassen sich daraus einfache Figuren for-men. Mit einer Plätzchenform lassen sich aus der plattgedrückten Masse aber auch Figuren ausstechen, die man auf der Heizung in wenigen Stun-den oder bei Zimmertemperatur über Nacht trocknen lassen kann.

*Alter: 6–16 J.; ganzjährig, im Haus; Dauer: 30 Min.*
*Hilfe eines Erwachsenen erforderlich!*

## Was bewirken der Zitronensaft und die Hitze in der Milch?

Milch besteht zum größten Teil aus Wasser, enthält aber auch Zucker, Fett, Eiweiß und Salze. Wenn der saure Saft aus der Zitrone, der reichlich Ascorbinsäure (Vitamin C) enthält, dazugegeben wird, fällt das Milcheiweiß Kasein aus. Da Kasein zur Herstellung von Käse, Quark und Joghurt dient, wird es auch als Käsestoff bezeichnet. Mit zunehmender Wärme lagern sich die Kasein-Moleküle zu längeren Ketten zusammen, sodass die Klumpen größer und zäher werden. Da die Kasein-Ketten allerdings hitzeempfindlich sind, zerfallen sie bei Temperaturen über 80 °C wieder und können sich nach dem Abkühlen nicht wieder neu bilden. Der Versuch funktioniert nicht mit H-Milch, da diese zur besseren Haltbarmachung über 80 °C erhitzt wurde und damit die Kaseinketten zerstört wurden.

## Ergänzungen und weiterführende Versuche

Milch gerinnt nicht nur nach Zugabe von Zitronensäure. Schüttet man 2 Esslöffel eines anderen sauren Fruchtsaftes oder Essig zu der Milch, fallen ebenso schnell große Kasein-Klumpen aus. Wird etwas Zitronensaft in kalte Milch gegeben, gerinnt die Milch nach einer Weile. Die festen Bestandteile können abgefiltert werden, fertig ist der selbst hergestellte Quark, der aus einer Mischung aus Kasein, Fett und Mineralstoffen besteht. Die Molke kann getrunken werden.

## Schon gewusst?

Wahrscheinlich hat schon jeder einmal erlebt, dass Milch aufgrund von Milchsäuregärung, bei der Milchsäurebakterien Milchsäure produzieren, sauer geworden und verklumpt ist. Auf dem gleichen Prinzip wie der vorgestellte Versuch beruht die Tatsache, dass sauer gewordene Milch, die man versehentlich zu heißem Tee schüttet, ekelige Klumpen bildet und den Appetit auf die gute Tasse Milchkaffee oder -tee verdirbt. Die Säuren entstehen durch die sich in der Milch ausbreitenden Mikroorganismen. Das Endprodukt der Milchsäuregärung ist Milchsäure. Bei der Käse- oder Joghurtherstellung kontrolliert man die Gärung. Bei der Herstellung von alkoholischen Getränken tragen Hefepilze zu einer alkoholischen Gärung bei. Wenn solche Pilze Zucker umwandeln, entsteht bei der alkoholischen Gärung Ethanol.

Kasein ist ein Binder zwischen Fett und Wasser und wird deshalb bei der industriellen Lebensmittelverarbeitung (z.B. Dosenwürstchen) und für technische Produkte (Farben, Lacke) genutzt. So ist z.B. Plakafarbe, die in Bastelgeschäften in großer Auswahl für verschiedenste Malzwecke angeboten wird, eine lichtechte, wasserlösliche Kasein-Emulsionsfarbe. Auch Jahrhunderte alte Kirchenfresken wurden mithilfe von Kaseinfarben angefertigt.

## Wo gibt's die Zutaten?

Die für den Versuch benötigten Materialien sind meist im Haushalt vorhanden.

## Literatur

Nowak, Schulz: *Tropische Früchte* • Saan: *365 Experimente für jeden Tag* http://www.wdr5.de/lilipuz/wissenschaft/hexenkueche

# Hitzeschock, braune Linien oder Ringe

## Benötigtes Material

Schale einer reifen Banane (*Musa x paradisiaca*); Glas mit heißem Wasser.

## Die Bananenschale wird nach Hitzeschock braun

Eine Banane wird geschält und die Schale in mehrere schmale Streifen geschnitten. Ein Streifen der Bananenschale wird nun mehrere Zentimeter tief für etwa 15 Sekunden in kochendes Wasser gehalten, ein zweites Stück etwa eine knappe Minute lang. Es ist darauf zu achten, dass das Wasser auch wirklich kocht. Diejenige Bananenschale, die nur kurz in heißem Wasser hing, färbt sich schnell dunkelbraun. Der Bereich, der sich außerhalb des Wassers befand, behält seine gelbe Farbe. Die Schale, die länger im Wasser hing, färbt sich nicht so stark braun. An der Grenze zwischen kochendem Wasser und Luft bildet sich ein schmaler dunkelbrauner Streifen. Lässt man allerdings die Schalen einige Stunden liegen, dunkelt auch die hellere Schale mit der Zeit nach.

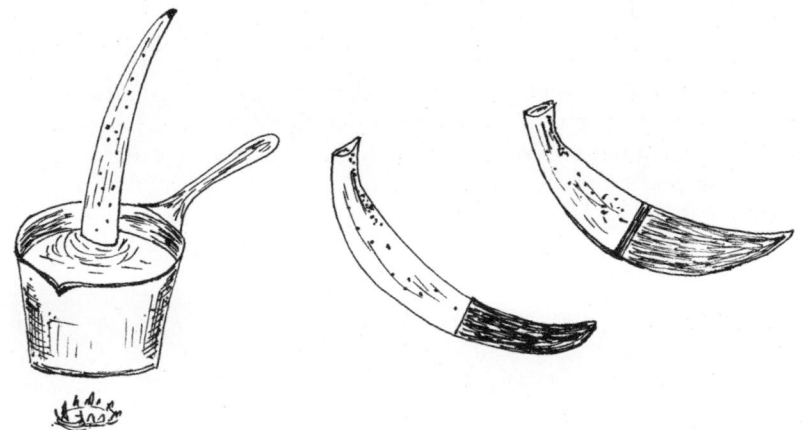

## Wodurch wird die dunkle Linie verursacht?

Durch die Einwirkung von Enzymen (Oxidasen) werden Vorstufen der braunen Farbstoffe (Phenole) oxidiert, sodass eine braune Farbe entsteht. In einer intakten Zelle kommen die Enzyme mit den Vorstufen der braunen

*Alter: 10–16 J.; ganzjährig, im Haus; Dauer: 10 Min.*
*Hilfe eines Erwachsenen erforderlich!*

Farbstoffe nicht miteinander in Kontakt. Die Braunfärbung ist also ein Zeichen des Absterbens des Gewebes. Wird die Schale kurz in kochendes Wasser getaucht, werden die Zellen zerstört, während die Enzyme noch aktiv bleiben. Die gesamte Fläche wird braun. Bei längerer Hitzeeinwirkung werden auch die Enzyme geschädigt, sodass sich die Schale nur schwach braun färbt. Bei längerer Hitzeeinwirkung ist in einem schmalen Streifen oberhalb des Wasserspiegels die Temperatur gerade so hoch, dass die Zellen zwar zerstört werden, die Enzyme jedoch noch aktiv sind und es zur Umfärbung kommt.

## Ergänzungen und weiterführende Versuche

Einen ähnlichen Versuch mit entsprechender Erklärung kann man mit Efeublättern (*Hedera helix*) und einem heißen Cent-Stück durchführen. Legt man eine über der Flamme erhitzte Münze auf das Blatt, bildet sich um die Münze herum ein dunkelbrauner Ring, der als Todesring bezeichnet wird. Die Blattfläche, auf der das Cent-Stück auflag, bleibt dagegen grün. Das liegt daran, dass durch die Hitze der Münze die Enzyme in diesem Bereich sofort zerstört wurden, es konnte keine Oxidation mehr stattfinden. Im Bereich des dunklen Ringes dagegen »konnten die Enzyme noch eine Zeitlang arbeiten«. Das Ergebnis ist oft besser zu deuten, wenn man die Rückseite des Blattes betrachtet. Denn dort, wo die in der Flamme erhitze, rußige Münze auf das Blatt aufgelegt wurde, bleibt gelegentlich etwas Ruß am Blatt hängen, sodass der dunkle Ring nicht so deutlich zu erkennen ist. Wenn man das Blatt vor dem Versuch in heißes Wasser legt und damit die Enzyme zerstört, erhält man im Versuch keinen dunklen Ring.

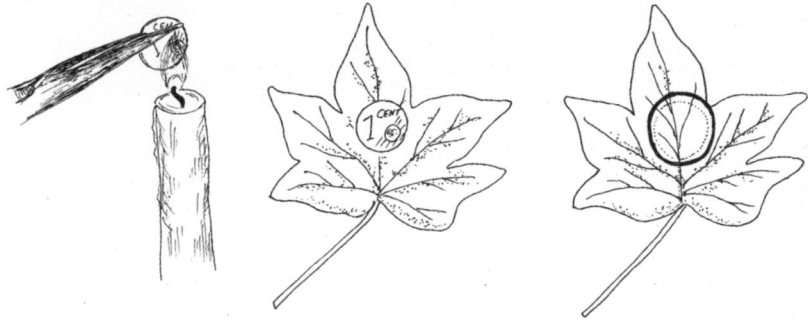

## Schon gewusst?

Viele frisch aufgeschnittene Früchte werden an der Luft durch Oxidations-prozesse schnell braun und unansehnlich, weshalb man einen Obstssalat möglichst frisch zubereiten sollte. Das Braunwerden von Apfelstücken kann verhindert werden, indem man sie mit Zitronensaft beträufelt. Die im Zitronensaft enthaltene Ascorbinsäure (Vitamin C) verhindert die Oxidation der Phenolverbindungen und somit das Braunwerden.

## Wo gibt's die Zutaten?

Die Zutaten zu diesem Versuch sind meist bereits im Haushalt vorhanden.

## Literatur

Molisch: *Botanische Versuche und Beobachtungen*

# Die Teebeutelrakete startet

## Benötigtes Material

Teebeutel; Schere; feuerfester Untersetzer; Streichhölzer.

## Die Rakete wird startklar gemacht

Um die Rakete steigen zu lassen, braucht man weder Zündschnur noch Schwarzpulver. Vom Teebeutel wird deshalb der Faden (»die Zündschnur«) abgeschnitten und anschließend der Teebeutel an beiden Enden aufgeschnitten, sodass man das Teepulver (»das Schwarzpulver«) herausstreuen kann. Der leere Teebeutelschlauch sollte anschließend mit dem Finger ausgebeult werden, sodass er gut auf einem Teller oder einer anderen feuerfesten Unterlage steht. Wichtig ist, dass die Luft nicht zu sehr bewegt ist, denn sonst kippt der Teebeutelschlauch, die »Rakete«, leicht um. Es empfiehlt sich deshalb, den Versuch in einem geschlossenen Raum durchzuführen. Keine Angst, der Versuch ist völlig ungefährlich. Am oberen Ende zündet man den Papierschlauch an, der schnell zu glühen beginnt und fast bis zum Grund verkohlt. Wer den Versuch nicht kennt, mag zunächst enttäuscht sein, dass die Rakete scheinbar nicht gestiegen, sondern verbrannt ist. Kurz bevor der Papierschlauch jedoch völlig verkohlt ist, hebt er zum Erstaunen der meisten Zuschauenden ab und steigt mit der warmen Luft fast bis an die Zimmerdecke. Dabei verglüht die Rakete, ein Häufchen Asche sinkt anschließend zu Boden.

*Alter: alle Altersstufen; ganzjährig, im Haus; Dauer: 5 Min.*
*Hilfe eines Erwachsenen erforderlich!*

## Warum steigt die Teebeutelrakete so leicht?

Das Teebeutelpapier verkohlt schnell, da es ein sehr leichtes und lockeres Papier ist. Anderseits enthält es ein so stabiles Fasergerüst, sodass es nicht wie Zeitungspapier zu einem Häufchen Asche verbrennt. Die Verwendung eines dünnen, leichten Papiers für einen Teebeutel ist sinnvoll, da beim Aufbrühen des Beuteltees das Aroma leicht in das kochende Wasser übergehen soll. Nachdem der Teebeutel Feuer gefangen hat, bleibt das verkohlte Papiergerüst übrig. Wenn der Teebeutel fast völlig verbrannt ist, ist die Papierröhre so leicht, dass sie mit dem aufsteigenden heißen Luftstrom ähnlich wie in einem Kamin nach oben gehoben wird.

## Ergänzungen und weiterführende Versuche

Die Rakete ist noch beeindruckender, wenn sie aus einem größeren Papierschlauch hergestellt wird. Leider eignen sich nur wenige Papiere für den Versuch, da sie sofort zu einem Häufchen Asche verbrennen; es bleibt kein Gerüst übrig, das mit dem heißen Luftstrom an die Zimmerdecke steigen kann. Früher konnte man eine Rakete aus Servietten herstellen, die heutigen verwendeten Serviettenpapiere lassen dies leider nicht mehr zu. Aus Öko-Windeleinlagen lassen sich aber große Raketen herstellen, die, wenn man etwas Glück hat, geeignete Konsistenz haben und aufsteigen. Nicht enttäuscht sein, wenn man nicht das geeignete Papier gefunden hat. Auch aus großen Teebeuteln für Kannenportionen können Raketen »gebaut« werden, wobei leider auch hier das Papier stärker abbrennt als bei den kleinen Teebeuteln.

Eine »Rakete« ganz anderer Art lässt sich aus einem Filmdöschen herstellen. Das Döschen wird zur Hälfte mit Wasser gefüllt, in das eine Sprudeltablette (z.B. Vitamin-C-Tablette) gegeben wird. Der Deckel wird geschlossen, das Döschen mit dem Deckel nach unten auf eine feste Unterlage gestellt. Durch die Kohlendioxid-Erzeugung steigt der Druck im Gefäß schnell an, nach etwa einer halben Minute springt der Deckel unter lautem Knacken auf und das Oberteil steigt mehrere Meter hoch.

## Schon gewusst?

Das Papier für Teebeutel wird häufig aus den faserigen, den Stängel umfassenden unteren Teilen der Blätter (Blattscheiden) der Faserbanane (Manilahanf, *Musa textilis*) gewonnen. Der Manilahanf ist eine alte Kulturpflanze auf den Philippinen und den Molukken. Die Faserbanane ähnelt der Essbanane. Zur Gewinnung ihrer Fasern werden die Pflanzen gefällt und die den Stamm umgebenden Blattscheiden zerschnitten. Die innersten Scheiden

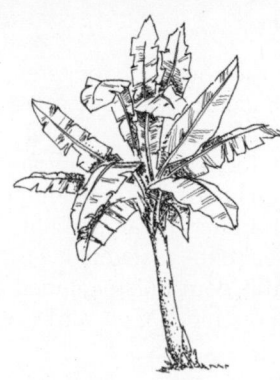

liefern die feinsten Fasern, aus denen Papier und Gewebe hergestellt werden. Das Bananen-Papier ist geschmacksneutral und verfärbt sich nicht durch den trockenen Teeinhalt.

In heutiger Zeit wird Papier überwiegend aus Holz nach Entfernen des Holzanteils (Lignin) hergestellt. Dieses Verfahren kennt man allerdings erst seit dem 19. Jh. Die ersten Papiere wurden in China hergestellt. Man verwendete faserhaltige Rinden verschiedener Pflanzen (z.B. des Papiermaulbeerbaumes, *Broussonetia papyrifera*), die aufgeweicht, geklopft und gepresst wurden. Im alten Ägypten wurde das Papier aus den Stängeln der *Papyrus*-Pflanze hergestellt. Von der in Kanada heimischen, bei uns gelegentlich in Gärten und Parks gepflanzten Papier-Birke (*Betula papyrifera*) kann man die weiße Rinde abziehen und darauf schreiben. Die Rinde ist wasserdicht und lässt sich zu Körben, Schuhen oder Kanus verarbeiten.

## Wo gibt's die Zutaten?

Dieses Experiment kann bei jeder Gelegenheit schnell zu Hause durchgeführt werden, da die für den Versuch benötigten Dinge meist griffbereit vorliegen.

## Literatur

Bärtels: *Farbatlas Tropenpflanzen* • Franke: *Nutzpflanzenkunde*
Lötschert, Beese: *Pflanzen der Tropen* • Steinecke, H.: *Xylem und Phloem.
Natur- und Kulturgeschichte des Holzes* • Stevens: *Kreatives Basteln mit Papier*

# Wenn der Tee sauer wird

## Benötigtes Material

Kleine Teekanne; loser schwarzer Tee (*Camellia sinensis*); pH-Indikatorpapier oder pH-Messgerät.

## Der Tee wird aufgebrüht

In eine Teekanne wird reichlich Tee (etwa 2–3 Esslöffel) gegeben und mit kochendem Wasser übergossen. Man lässt den Tee ziehen. Zu verschiedenen Zeiten (nach 1 min, 5 min, 15 min) hält man ein Streifchen des Indikatorpapiers in den Tee und bestimmt anhand der Färbung den pH-Wert. Steht ein pH-Messgerät zur Verfügung, sollte man auch hiermit die Veränderung des Säuregrades messen. Misst man den pH-Wert kurz nach Auffüllen des Wassers, färbt sich das Papier blassgrün, der pH-Wert liegt bei etwa 6. Bei längerem Warten färbt sich das Papier grüngelb, der pH-Wert liegt etwa bei 5.

## Was sind die Inhaltsstoffe des Tees?

Fermentierter, schwarzer Tee enthält in geringen Mengen Phenolverbindungen (meist Gerbstoffvorstufen), Gerbsäuren und ähnliche Verbindungen, Zellwandbestandteile, Eiweißstoffe, Fette, Mineralstoffe, Zucker, Theophyllin, Theobromin und Koffein. In den frischen Teeblättern liegen die Gerbstoffe nur in ihren Vorstufen, den Phenolverbindungen, vor. Gerade aber die Gerbstoffe sind es, die dem Tee während des Ziehens ihren wesentlichen Geschmack und die Farbe verleihen. Ganz kurz aufgebrühter Tee ist also nicht so aromatisch wie Tee, der etwas länger ziehen konnte.

Das Alkaloid Koffein, das als Teebestandteil früher auch Thein genannte wurde, wirkt anregend auf das zentrale Nervensystem. Es wirkt gefäßerweiternd und anregend auf die Atem- und Kreislaufzentren. Die Gerbsäuren, die beim Ziehen des Tees frei werden, in Lösung gehen und den pH-Wert sinken lassen, wirken beruhigend auf Magen und Darm. Sie verursachen den herben Geschmack des Tees. Auch geben sie dem Getränk seine Färbung. Tee, der länger ziehen konnte, ist deshalb dunkler und herber. Das Koffein ist an die Gerbstoffe gebunden und wird nur langsam freigesetzt. Diese Bindung ist je nach Zubereitung unterschiedlich stark. Im »2-Minuten-Tee« ist das im Wasser lösliche Koffein nur schwach an die

*Alter: 10–16 J.; ganzjährig, im Haus; Dauer: 20 Min.*
*Hilfe eines Erwachsenen erforderlich!*

Gerbstoffe gebunden. Lässt man den Tee lange ziehen, wird die Koffein-
wirkung durch die stärkere Bindung des Koffeins an die Gerbstoffe abge-
schwächt. Die Gerbstoffe entfalten ihre entspannende Wirkung, gleichzeitig ist die munter machende Wirkung des Tees verringert.

## Ergänzungen und weiterführende Versuche

Die Fermentierung der Teeblätter hat einen entscheidenden Einfluss auf
den Geschmack (und daneben auch auf die Farbe) des Tees. Während
dieses Gärvorgangs werden Zucker, Eiweiße und andere Stoffe durch Oxidation umgesetzt. Das Aroma, das eigentlich nur gerochen werden kann,
ist entscheidend dafür, ob uns der Tee schmeckt. Die Leistungen unseres
Geschmackssinnes sind nämlich sehr eng mit denen des Geruchssinnes
verbunden. Die Aromastoffe werden beim Trinken aus der Flüssigkeit freigesetzt und gelangen über den Nasen-Rachen-Raum zur Riechschleim-
haut, wo sie als spezifische Reize wirken. So ist der Geschmack auch eine
Frage des Aromas. Das kann man selbst testen. Einer Versuchsperson
werden zwei Tassen Tee, der mit Zimt bzw. Nelken aromatisiert wurde,
serviert. Beim Testen dieser beiden Getränke mit geschlossenen Augen
und zugehaltener Nase werden viele den Unterschied zwischen beiden
Getränken nicht schmecken können.

Tee ist nicht nur zum Trinken geeignet. Mit Tee kann man Stoffe oder
auch Papier braun färben. Kopien von Schwarz-Weiß-Zeichnungen oder
alte Kalenderblätter mit nicht zu kräftig gedruckten Motiven erhalten
dadurch den Eindruck, schon sehr alt zu sein. Wenn man den Rand dieser
bräunlichen, »alten Dokumente« mit der Kerze ganz vorsichtig anbrennt,
kann man daraus »Urkunden« für eine Schatzsuche anfertigen.

## Schon gewusst?

Auch die Wahl des Wassers hat einen erheblichen Einfluss auf das Aussehen und das Aroma des Tees. Da beim Aufbrühen mit Kalkwasser schnell gerbsaurer Kalk ausfällt, zeigt mit Kalkwasser aufgegossener Tee nicht die schöne goldgelbe Farbe und auch nicht den typischen Geruch. Folglich sollte Tee nicht mit zu hartem Wasser aufgebrüht werden bzw. sollte hartes Wasser 5 Minuten länger kochen.

Dass wir uns überhaupt Tee leisten und genießen können, ist nicht immer selbstverständlich gewesen. Dem berühmten schottischen Pflanzenjäger ROBERT FORTUNE gelang es erst ab 1848, das chinesische Tee-Monopol zu brechen. Tee war damals sehr teuer und nur für Reiche erschwinglich. In einer abenteuerlichen Reise, getarnt als chinesischer Mandarin und perfekt chinesisch sprechend, gelang es FORTUNE, die Teepflanze aus China heraus in den Himalaya zu schmuggeln. Man nahm sogar chinesische Teebauern mit, die den Anbau der Pflanzen und die Verarbeitung der Blätter kannten. Erst nach 1850 kam der Tee nach Ceylon, damals britische Kolonie. Von nun an wurde Tee wesentlich billiger und für viele erschwinglich.

## Wo gibt's die Zutaten?

Rollen mit Indikatorpapier gibt es im Laborbedarf oder in der Apotheke.

## Literatur

Franke: *Nutzpflanzenkunde* • Grösser: *Tee für Wissensdurstige*
Steinecke, H.: *Von Ananas bis Zimt* • Steinecke, P., Steinecke, H.: *Tee, Kaffee, Kakao*

# Pflanzenfarben hinter trüben Medien

## Benötigtes Material

Schwarzes Papier (gut z.B eine schwarze Seite aus dem Fotokopierer); Handschuhe; frisch geschnittene, milchsaftführende Stängel der Mandelblättrigen Wolfsmilch (*Euphorbia amygdaloides*), Zypressen-Wolfsmilch (*Euphorbia cyparissias*) oder anderer Wolfsmilchgewächse (auch Weihnachtsstern, *Euphorbia pulcherrima*); Milch.

Man beachte, dass der Saft der Wolfsmilch fototoxische Eigenschaften haben kann! Ganz besonders bei sonnigem Wetter kann nämlich die Berührung aller Teile der Wolfsmilch Hautreizungen verursachen. Diese treten aber erst Stunden oder sogar Tage später auf, sodass man sie meist nicht mehr mit der Wolfsmilch in Verbindung bringt. Die Haut reagiert mit dauerhaften braunen Flecken oder sogar Blasenbildung, schmerzt aber meist nicht. Deshalb sollte für den Versuch die Wolfsmilch nur mit Handschuhen berührt werden. Sollte es doch zum Kontakt gekommen sein, hilft sofortiges Abwaschen mit Wasser. Gefährlich ist es, wenn der Saft ins Auge gewischt wird. Er verursacht starke Sehstörungen, deshalb ist bei versehentlichem Kontakt mit den Augen sofort medizinische Hilfe notwendig.

## Die Farbe des Pflanzensaftes

Ein Tropfen des Milchsafts aus dem Stängel der Wolfsmilch wird auf schwarzes Papier getropft. Zum Vergleich kann man ihn auch auf weißes Papier streichen. Der Milchsaft soll nur einen dünnen Film bilden. Eventuell muss man etwas warten, bis der Milchsaft leicht angetrocknet ist. Im Licht erscheint der Milchsaft auf dunklem Hintergrund nun opalisierend blau. Der Blauton hält nur so lange an, bis die Flüssigkeit völlig eingetrocknet ist. Dann ist nur noch eine leicht glänzende Spur zu erkennen. Auf weißem Papier hinterlässt der Milchsaft nur eine gelblich weiße Spur.

## Warum erscheint der Pflanzensaft blau?

In der Farbenlehre kennt man die interessante Erscheinung trüber Medien. Bereits GOETHE sprach in diesem Zusammenhang von einem Urphänomen. Unter einem trüben Medium versteht man ein nicht zu dichtes Material, das Licht noch durchlässt.

*Alter: 10–16 J.; ganzjährig, draußen; Dauer: 5 Min.*
*Hilfe eines Erwachsenen erforderlich!*

Beispiele für trübe Medien sind Rauch, Nebel oder Wasser mit ein paar Tropfen Milch. Die Färbung des trüben Mediums liegt zwischen durchsichtig und weiß. Alle trüben Medien wirken aufgrund von Reflexion, Absorption und Streuung der einfallenden Strahlung vor einem hellen Hintergrund gelblich, vor einem dunklen bläulich. Diese Erscheinung ist auch für die Farbwirkung einiger Pflanzen verantwortlich.

Der Saft aus der Wolfsmilch enthält keine blauen Pigmente, sondern wirkt nur vor dunklem Grund blau. Wie blau der Saft wirkt, ist von der Dicke des aufgetragenen Milchsafts auf dem schwarzen Papier abhängig. Frisch aufgetropft wirkt er zunächst noch weiß. Lässt man ihn trocknen oder verreibt man ihn, wird der Blaueindruck immer intensiver.

Vergleichbar hiermit ist das Phänomen des blauen Himmels. Hierbei nimmt die Erdatmosphäre die Funktion des trüben Mediums vor dem dunklen Weltraum ein. Von der Erde aus erscheint uns der Himmel deshalb hellblau. In den Höhen des Gebirges, in der die Dichte der Atmosphäre abnimmt, oder gar im Flugzeug empfinden wir die Himmelsfärbung intensiver. Je höher man kommt, d.h. je dünner die Schicht der Atmosphäre, durch die wir blicken, desto blauvioletter wird die Farbe. Außerhalb der Erdatmosphäre ist das All schwarz. Auch wenn der Milchsafttropfen vollständig eingetrocknet ist, ist nur noch das schwarze Papier zu sehen.

## Ergänzungen und weiterführende Versuche

Im Vergleich zum Pflanzensaft wird ein Tropfen Kuhmilch auf einen dunklen Untergrund gegeben und seine Farbe beobachtet. Es treten ähnliche Farberscheinungen wie beim Saft der Wolfsmilch auf.

## Schon gewusst?

Es gibt auch Früchte, die blau aussehen, aber keinen blauen Farbstoff enthalten. Ein Beispiel hierfür liefern die Beeren des Salomonssiegels (*Polygonatum odoratum*). Von außen gesehen erscheinen sie schwarzblau. Zieht man aber vorsichtig die Haut ab und reinigt sie von anhaftendem Fruchtfleisch, ist zu erkennen, dass die Haut bräunlich-durchscheinend, das Fruchtfleisch aber dunkelgrün ist. Es handelt sich um einen typischen Fall des von GOETHE beschriebenen Urphänomens!

## Wo gibt's die Zutaten?

Verschiedene Wolfsmilch-Arten wachsen im Garten, Park oder auch in der freien Natur. Die heimische, durch nadelförmige Blätter charakterisierte Zypressen-Wolfsmilch wächst häufig auf Trockenrasen, auf Weinbergen oder an trockenen Straßenrändern. Wolfsmilch ist leicht an dem lange stehen bleibenden gelb-grünen, schirmartigen Blütenstand mit Hochblättern zu erkennen.

## Literatur

Molisch: *Botanische Versuche und Beobachtungen*
Schneckenburger: *In tausend Formen magst du dich verstecken*

# Indikatorpapier selbst herstellen – echt würzig

## Benötigtes Material

Stücke des Wurzelstockes (Rhizom) von Gelbwurz (*Curcuma longa*) oder Gelbwurz-Gewürz in Pulverform; Messer; Mörser oder Mixer; weißes Papier; Scheuer- oder Waschpulver; Glasgefäß; Haushaltsschürze.

Achtung, Spritzer des Wassers können Haut und Kleidung leicht gelb färben. Deshalb empfiehlt es sich, eine Haushaltsschürze umzubinden.

## Das Papier wird präpariert

Ein frisches Gelbwurz-Rhizom wird mit einem Messer in kleine Stückchen geschnitten. Das außen braune Rhizom ist im Inneren leuchtend gelb bis gelborange gefärbt. Die kleinen Gelbwurzstücke werden mit etwas Wasser in einen Mörser gegeben und zerrieben, sodass das Wasser eine gelbe Färbung annimmt. Ersatzweise können die Rhizomstücke auch in einem Mixer in etwas Wasser weiter zerkleinert werden. Wer es einfacher mag, kann etwas Gelbwurz-Pulver in etwa 50 ml Wasser anrühren.

Ein Stück weißes Papier wird nun etwa 5 Minuten lang in die gelbe Lösung gehalten, bis es ebenso gelb gefärbt ist. Das mit dem Farbstoff getränkte Papier verändert seine Farbe von gelb nach rötlich braun, wenn man eine alkalische Lösung hinzugibt. Eine alkalische Lösung kann man sich herstellen, indem man etwas Scheuerpulver in Wasser löst. Beim Trocknen wird das Papier violett. Indikatorpapiere auf Basis von *Curcuma* sind zum Anzeigen eines pH-Bereiches von 8–9 geeignet. Anstatt Papier mit dem Farbstoff zu tränken, kann man auch kleine Rhizomstücke in alkalische Lösung geben. Sie färben sich auch rötlich.

## Was ist eigentlich Gelbwurz?

*Curcuma longa* ist eine ausdauernde, mit dem Ingwer verwandte Staude, die etwa einen Meter hoch wird. Das Rhizom ist knollig verdickt und bis zu dreifach verzweigt. Das leuchtende Gelb im Inneren des Rhizoms gab der Pflanze ihren Namen. Die Staude bildet lange, lanzettliche Blätter. In den Achseln von hellgrün gefärbten Hochblättern bilden sich blassgelbe bis weißliche Blüten. Die frischen Rhizome werden vorzugsweise zusammen mit Natriumkarbonat oder Natriumbikarbonaten kurz gekocht und an-

schließend in der Sonne getrocknet. Danach werden sie poliert, um die entrindeten Rhizome zu erhalten. Als solche gelangen sie in den Handel. Durch Destillation wird aus den Rhizomen ein Öl gewonnen. Für den Geschmack und die Wirkung der Gelbwurz sind mehrere Komponenten sehr wichtig. Dazu gehören das Curcumin (verantwortlich für die gelbe Farbe), Turmerone (verantwortlich für den Geschmack), verschiedene Kohlenhydrate sowie wasserlösliches Protein.

## Ergänzungen und weiterführende Versuche

Der gelbe Farbstoff ist fettlöslich. Einen ähnlich getönten Farbstoff erhält man aus den Narben des Safran-Krokus (*Crocus sativus*). Gelbwurz wurde häufig zum Fälschen des sehr teuren Safrans verwendet. Der Farbstoff aus der Gelbwurz wird nicht nur für Lebensmittel verwendet, auch Wolle, Leder und Baumwolle lassen sich damit färben. Wenn man die zu färbenden Stoffstücke vorher mit Bindfäden abschnürt, kann man sich hübsche Motive für Briefkarten selber herstellen. Nach dem Trocknen wird der Stoff gebügelt und auf eine Pappkarte aufgeklebt.

## Schon gewusst?

Der Wurzelstock kann roh gegessen werden (schmeckt ein wenig wie Karotte), der Geschmack geht nach dem Trocknen fast ganz verloren, weshalb Gelbwurz besonders als Färbemittel für Currymischungen verwendet wird.

Gelbwurz wird in Indien schon seit über 4000 Jahren benutzt und mit anderen Gewürzen gemischt, um das Currypulver herzustellen. Man nutzt Gelbwurz außerdem zum Würzen von Speisen mit Eiern, Fischgerichten, Fleisch und Reis. Unter den Lebensmitteln färbt man beispielsweise Butter, Käse, Getreide, Speiseöl oder Eiscreme mit Gelbwurz. In der Kosmetik wird Gelbwurz für Gesichtscremes, Shampoos, Lotionen und Sprays genutzt. Die Denaturierung von Fetten und Ölen beim Erhitzen kann durch Zugabe von Gelbwurz verhindert bzw. verzögert werden. Es zeigt sich also, dass die Verwendungsmöglichkeiten von Gelbwurz sehr vielseitig sind. Auch in der Medizin wird sie gegen vielerlei Leiden (z.B. Pilzerkrankungen) eingesetzt.

## Wo gibt's die Zutaten?

Gelbwurz oder Kurkuma (*Curcuma longa*) ist in Asien beheimatet und wichtiger Bestandteil des Currypulvers. Die ingwerähnlichen Wurzelstöcke (Rhizome) kann man in auf exotische Früchte spezialisierten Geschäften oder im Gewürzhandel bekommen. Gelbwurz-Pulver ist meist im Gewürzsortiment von Supermärkten erhältlich. Die übrigen Materialien sind im Allgemeinen im Haushalt vorhanden oder können leicht besorgt werden.

## Literatur

Franke: *Nutzpflanzenkunde* • Saan: *365 Experimente für jeden Tag*
Somasekar, Chenchanna: *Die Bedeutung von Gelbwurz*

# Anhang

# Verwendete und weiterführende Literatur zu den Versuchen

Aichele, Dietmar; Schwegler, Heinz-Werner (1978): *Unsere Moos- und Farnpflanzen.* Kosmos-Verlag. – Stuttgart.

Attenborough, David (1985): *Das geheime Leben der Pflanzen.* Scherz-Verlag. – Bern, München, Wien.

Baer, Heinz-Werner (1985): *Biologische Versuche im Unterricht.* 5. Aufl. Aulis Verlag Deubner & Co. KG. – Köln.

Bärtels, Andreas (1989): *Farbatlas Tropenpflanzen.* Ulmer-Verlag. – Stuttgart.

Baker, Wendy; Haslam, Andrew (1993): *Wir spielen und experimentieren. Pflanzen, Blüten, Blätter, Samen.* ars-edition. – München.

Barthlott, Wilhelm; Neinhuis, Christoph (1998): *Lotus-Effekt und Autolack: Die Selbstreiniungsfähigkeit mikrostrukturierter Oberflächen.* – Biologie in unserer Zeit, Vol. 5, S. 314–321.

Bennert, Wilfried (1999): *Die seltenen und gefährdeten Farnpflanzen Deutschlands. Biologie, Verbreitung, Schutz.* Bundesamt für Naturschutz. – Bonn.

Bowes, Bryan G. (2001): *Farbatlas Pflanzenanatomie. Formen, Gewebe, Strukturen.* Mit einem Geleitwort von Andreas Sievers. Parey-Verlag. – Berlin.

Braune, Wolfram; Lemann, Alfred; Taubert, Hans (1976): *Praktikum zur Morphologie und Entwicklungsgeschichte der Pflanzen.* Gustav Fischer Verlag. – Jena.

Brecht, Rainer (1992): *Professor Zweistein. Experimente zum Mitmachen.* Zebold-Verlag. – München.

Brunken, Ulrike (1997): *In der Welt des Bambus.* Palmengarten-Sonderheft Nr. 25. – Frankfurt am Main.

Brunken, Ulrike (2001): *Zur »Rose von Jericho«.* Palmengarten 65/1, S. 34–39. – Frankfurt am Main.

Carstensen, Richard (2000): *Griechische Sagen.* 24. Aufl. DTV Junior. – München.

Düll, Ruprecht; Kutzelnigg, Herfried (2005): *Taschenlexikon der Pflanzen Deutschlands. Ein botanisch-ökologischer Exkursionsbegleiter zu den wichtigsten Arten.* 6. Aufl. Quelle & Meyer Verlag. – Wiebelsheim.

Duve, Karen; Völker, Thies (1999): *Lexikon berühmter Pflanzen.* Sanssouci im Verlag Nagel & Kimche AG. – Zürich.

Ehrhardt, Heinz (1970): *Das große Heinz Erhardt Buch.* Mit Illustrationen von Dieter Harzig. Fackelträger-Verlag. – Hannover.

Engelhard, Jutta Beate; Fenner, Burkhard (1997): *Wer hat die Kokosnuß?* *Die Kokospalme – Baum der tausend Möglichkeiten.* Rautenstrauch-Jost-Museum für Völkerkunde der Stadt Köln. – Köln.

Fischer-Rizzi, Susanne (1996): *Blätter von Bäumen.* Hugendubel. – München.

Flindt, Rainer (2000): *Biologie in Zahlen.* Eine Datensammlung in Tabellen mit über 10 000 Einzelwerten. Spektrum Akademischer Verlag. – Heidelberg.

Franke, Wolfgang (1997): *Nutzpflanzenkunde.* Thieme-Verlag. – Stuttgart.

Geck, Martin (1986): *Musikbegleiter 5/6. Lehrwerk Banjo.* 1. Aufl. Ernst Klett Verlag. – Stuttgart.

Grösser, Hellmut (1984): *Tee für Wissensdurstige.* Albrecht Verlag. – Gräfelfing.

Haeupler, Henning; Muer, Thomas (2000): *Bildatlas der Farn- und Blütenpflanzen Deutschlands.* Ulmer-Verlag. – Stuttgart.

Häfner, Manfred (1986): *Das Öko-Testbuch. Analysen und Experimente zur Eigeninitiative.* Falken-Verlag. – Niedernhausen.

Hagemann, Isolde; Steininger, Fritz (Hrsg.) (1996): *Alles was fliegt in Natur, Technik und Kunst.* Palmengarten-Sonderheft Nr. 24. – Frankfurt am Main.

Haller, Berthold; Probst, Wilfried (1981): *Botanische Exkursionen. Anleitungen zu Übungen im Gelände.* Gustav Fischer Verlag. – Stuttgart, New York.

Harborne, Jeffrey B. (1995): *Ökologische Biochemie. Eine Einführung.* Spektrum Akademischer Verlag. – Heidelberg.

Haug, Karl (1980): *Naturkundliches Arbeitsbuch.* 6. Schuljahr. Westermann-Verlag. – Stuttgart.

Hess, Dieter (1983): *Die Blüte.* Ulmer-Verlag. – Stuttgart.

Hiller, Karl; Melzig, Matthias F. (2003): *Lexikon der Arzneipflanzen und Drogen.* Spektrum Akademischer Verlag. – Heidelberg, Berlin.

Jäger, Eckehart; Werner, Klaus (Hrsg.) (2001): *Rothmaler – Exkursionsflora von Deutschland. Gefäßpflanzen: Kritischer Band.* Spektrum Akademischer Verlag. – Heidelberg.

Jahns, Hans Martin (1980): *Farne, Moose, Flechten.* BLV-Bestimmungsbuch. BLV-Verlag. – München, Wien, Zürich.

Jones, David (1995): *Palmen.* Könemann. – Köln.

Köhlein, Fritz; Menzel, Peter (1992): *Das neue große Blumenbuch. Stauden und Sommerblumen.* Ulmer-Verlag. – Stuttgart.

Korte, Sabine (1999): *Pflanzen haben Gefühle und tauschen Informationen aus. Können auch wir bald ihre Sprache verstehen?* – PM Magazin 9/1999, S. 22–28.

Krüssmann, Gerd (1978): *Handbuch der Laubgehölze*. Verlag Paul Parey. – Berlin, Hamburg.

Kugler, Hans (1955): *Einführung in die Blütenbiologie*. Gustav Fischer Verlag. – Stuttgart.

Larcher, Walter (1991): *Ökologie der Pflanzen*. Fischer-Verlag. – Stuttgart.

Lauber, Konrad; Wagner, Gerhard (2001): *Flora Helvetica*. Verlag Paul Haupt. – Bern.

Laudert, Doris (1998): *Mythos Baum*. BLV-Verlag. – München.

Laux, Hans E. (2001): *Der große Kosmos-Pilzführer. Alle Speisepilze mit ihren giftigen Doppelgängern*. Franckh-Kosmos Verlag. – Stuttgart.

Lötschert, Wilhelm; Beese, Gerhard (1989): *Pflanzen der Tropen. BLV-Bestimmungsbuch*. BLV-Verlag. – München, Wien, Zürich.

Lück, Erich (2000): *Von Abalone bis Zuckerwurz – Exotisches für Gourmets, Hobbyköche und Weltenbummler*. Springer-Verlag. – Berlin, Heidelberg, New York.

Mabberley, David J. (1997): *The plant book*. Cambridge University Press. – Cambridge.

Martini, Ulrich (1980): *Musikinstrumente – erfinden, bauen, spielen*. Ernst Klett Verlag. – Stuttgart.

Marzell, Heinrich (1943): *Wörterbuch der deutschen Pflanzennamen*. Verlag von S. Hirzel. – Leipzig.

Meeuse, Bastian; Moris, Sean (1984): *Blumen-Liebe. Sexualität und Entwicklung der Pflanzen*. DuMont. – Köln.

Menninger, Edwin A. (1995): *Fantastic trees*. Timber press. – Portland, Oregon.

Meyer, Karl Heinrich (1969): *Pflanzen der Heimat erzählen*. Verlagsgesellschaft Madsack & Co. – Hannover.

Molisch, Hans (1979): *Botanische Versuche und Beobachtungen mit einfachen Mitteln. Ein Experimentierbuch für Schulen und Hochschulen*. 5. Aufl. Bearbeitet von Klaus Dobat unter Mitwirkung von Robert Horwath. Gustav Fischer Verlag. – Stuttgart.

Nachtigall, Werner; Blüchel, Kurt G. (2000): *Das große Buch der Bionik. Neue Technologien nach dem Vorbild der Natur*. DVA. – Stuttgart, München.

Nickol, Martin (Hrsg.) (2002): *Die zauberhafte Pflanzenwelt*. Gelbe Blätter aus dem Botanischen Garten der Christian-Albrechts-Universität zu Kiel. – Kiel.

Nowak, Bernd; Schulz, Bettina (1998): *Tropische Früchte. Biologie, Verwendung, Anbau und Ernte*. BLV-Verlag. – München, Wien, Zürich.

Nultsch, Wilhelm; Grahle, Anneliese (1993): *Mikroskopisch-botanisches Praktikum für Anfänger*. Thieme-Verlag. – Stuttgart.

Page, Patrick (1981): *The joker's handbook.*
Macdonald and Co. Publishers. – London.

Paturi, Felix R. (1974): *Geniale Ingenieure der Natur – wodurch uns Pflanzen technisch überlegen sind.* Econ-Verlag. – Düsseldorf.

Perger, Anton, Ritter von (1864): *Deutsche Pflanzensagen.*
Verlag von August Schaber. – Stuttgart, Oehringen.

Pijl, Leendert van der (1972): *Principles of dispersal in higher plants.*
Springer-Verlag. – Berlin, Heidelberg, New York.

Rätsch, Christian (1998): *Enzyklopädie der psychoaktiven Pflanzen.*
AT-Verlag. – Aarau.

Rauh, Werner (1994): *Morphologie der Nutzpflanzen. Klassiker der Botanik.*
Ein Quelle & Meyer-Reprint. Quelle & Meyer Verlag. – Heidelberg, Wiesbaden.

Raven, Peter; Ebert, Ray E.; Curtis, Helen (1985): *Biologie der Pflanzen.*
Walter de Gruyter. – Berlin, New York.

Rehm, Sigmund; Espig, Gustav (1996): *Die Kulturpflanzen der Tropen und Subtropen.* Ulmer-Verlag. – Stuttgart.

Reinhardt, Sylvia; Lunnebach, Silke; Steinecke, Hilke; Bayer, Clemens (Red.) (2001): *Sacha Runa. Menschen im Regenwald von Ecuador.*
Palmengarten-Sonderheft Nr. 34. – Frankfurt am Main.

Reisigl, Herbert; Keller, Richard (1994): *Alpenpflanzen im Lebensraum. Alpine Rasen-, Schutt- und Felsvegetation. 2. Aufl.*
Gustav Fischer Verlag. – Stuttgart, Jena, New York.

Ridley, Henry N. (1990): *The dispersal of plants throughout the world.*
Otto Koeltz Science Publishers. – Königstein.

Saan, Anita von (Red.) (2002): *365 Experimente für jeden Tag.*
Moses-Verlag. – Kempen.

Sapper, Norbert; Widhalm, Helmut (2000): *Einfache biologische Experimente. Ein Handbuch – nicht nur für Biologen.* Öbv & hpt. – Wien.

Schäfer, Thilo (1997): *Kork – der nachwachsende Rohstoff. –*
Globus 6/97, S. 23–26.

Scherf, Gertrud (2002): *Zauberpflanzen, Hexenkräuter. Mythos und Magie heimischer Wild- und Kulturpflanzen.* BLV-Verlag. – München.

Schmeil, Otto; Fitschen, Jost (2003): *Flora von Deutschland und angrenzender Länder.* Bearbeitet von Karlheinz Senghas und Siegmund Seybold. Quelle & Meyer Verlag. – Wiesbaden.

Schmidt, Hans; Byers, Andy (1995): *Biologie einfach anschaulich. Begreifbare Biologiemodelle zum Selberbauen mit einfachen Mitteln.*
Verlag an der Ruhr. – Mülheim an der Ruhr.

Schneider, Heinz (1985): *Tropische Pflanzen im Tropenhaus des Botanischen Gartens der Universität Basel.* Botanischer Garten Basel. – Basel.

Schneckenburger, Stefan (1999): *In tausend Formen magst du dich verstecken. Goethe und die Pflanzenwelt.* Palmengarten-Sonderheft Nr. 29. – Frankfurt am Main.

Schubert, Peter (2002): Zaunrübe und Spritzgurke – die einzigen europäischen Kürbisgewächse. In: Hammer, Karl; Gladis, Thomas; Hethke, Marina (Hrsg.): *Kürbis, Kiwano & Co.* Der Katalog zur Ausstellung. Universitätsbibliothek Kassel. – Kassel.

Schumacher, H. (1998): *Nur Gräser?* Arbeitsheft für den Unterricht an der Oberstufe. Herausgegeben vom Erziehungsrat des Kantons St. Gallen. aktuell 2/98. – St. Gallen.

Schweppe, Helmut (1993): *Handbuch der Naturfarbstoffe.* Nikol Verlagsgesellschaft. – Hamburg.

Sebald, Oskar; Seybold, Siegmund; Philippi, Georg (1993): *Die Farn- und Blütenpflanzen Baden-Württembergs.* Ulmer-Verlag. – Stuttgart.

Sitte, Peter; Weiler, Elmar; Kadereit, Joachim W.; Bresinsky, Andreas; Körner, Christian (2002): *Strasburger – Lehrbuch der Botanik für Hochschulen.* Spektrum Akademischer Verlag. – Berlin.

Slocum, Perry D.; Robinson, Peter (1999): *Water Gardening. Water Lilies and Lotuses.* Timber Press. – Portland, Oregon.

Somasekar, Rao; Chenchanna, Shakunthala (2003): *Die Bedeutung von Gelbwurz (Curcuma longa L.).* Palmengarten 67/2, S. 52–58. – Frankfurt am Main.

Steinecke, Fritz (1939): *Methodik des biologischen Unterrichts an Höheren Lehranstalten.* Quelle & Meyer Verlag. – Leipzig.

Steinecke, Fritz; Auge, Rudolf (1973): *Experimentelle Biologie.* Arbeits- und Vorbereitungsbuch für den biologischen Unterricht. 3. Aufl. Quelle & Meyer Verlag. – Heidelberg.

Steinecke, Hilke (Red.) (1999): *Von Ananas bis Zimt.* Palmengarten-Sonderheft Nr. 30. – Frankfurt am Main.

Steinecke, Hilke (Red.) (2000): *Xylem und Phloem. Natur- und Kulturgeschichte des Holzes.* Palmengarten-Sonderheft Nr. 33. – Frankfurt am Main.

Steinecke, Hilke (Red.) (2002): *Korn – Brot, Getreide, Gräser.* Palmengarten-Sonderheft Nr. 35. – Frankfurt am Main.

Steinecke, Hilke; Schubert, Peter; Pohl-Apel, Gunvor (Red.) (2004): *Druidenfuß und Hexensessel. Magische Pflanzen.* Palmengarten-Sonderheft Nr. 38. – Frankfurt am Main.

Steinecke, Peter; Steinecke, Hilke (1999): *Tee, Kaffee, Kakao.* – Praxis der Naturwissenschaften, Biologie **48** (2), S. 1–45.

Steubing, Lore; Schwantes, Hans Otto (1987): *Ökologische Botanik.* Quelle & Meyer Verlag. – Heidelberg, Wiesbaden.

Stevens, Clive (1998): *Kreatives Basteln mit Papier. Praktische Anleitungen zur Herstellung von Papierobjekten*. Könemann. – Köln.

Stützel, Thomas (2002): *Botanische Bestimmungsübungen. Praktische Einführung in die Pflanzenbestimmung*. Unter Mitarbeit von Matthias Jenny. Ulmer-Verlag. – Stuttgart.

Svedberg, Ulf; Anderson, Lena (1996): *Maja auf der Spur der Natur*. Bertelsmann-Verlag. – München.

Ulbrich, Erich (1928): *Biologie der Früchte und Samen (Karpobiologie)*. Springer-Verlag. – Berlin.

Wagenitz, Gerhard (2003): *Wörterbuch der Botanik*. Spektrum Akademischer Verlag und Gustav Fischer Verlag. – Heidelberg, Berlin.

Waggerl, Karl Heinrich (1950): *Heiteres Herbarium. Blumen und Verse*. Otto Müller Verlag. – Salzburg.

Willis, Delta (1997): *Der Delphin im Schiffsbug. Wie Natur die Technik inspiriert*. Birkhauser-Verlag. – Basel.

Wirth, Gustav (1871): *Bilder aus der Pflanzenwelt*. Erstes Bändchen. Ausländische Kulturpflanzen, deren Erzeugnisse Gegenstände unseres alltäglichen Gebrauches und wichtige Handelsartikel sind. Schulbuchhandlung von J. V. L. Greßler. – Langensalza.

Zizka, Georg; Schneckenburger, Stefan (Hrsg.) (1999): *Blütenökologie – faszinierendes Miteinander von Pflanzen und Tieren*. – Palmengarten-Sonderheft Nr. 33 und Kleine Senckenberg-Reihe Nr. 33.

## Internetseiten mit einigen weiteren interessanten Experimentiervorschlägen

http://www.geo.de/GEOlino/basteln_experimentieren/basteln/
1999_05_GEOlino_drachenbau/
index.html?SDSID=4184880000011039201856

http://www.kidsweb.de/basteln/pan.htm

http://www.mathematische-basteleien.de/floete.htm

http://www.physikforkids.de

http://www.seilnacht.com/Lexikon/Cochenil.htm

http://www.tinten-online.de

http://www.wdr5.de/lilipuz/wissenschaft/hexenkueche

# Bezugsquellen der benötigten Materialien und Sammelorte der verwendeten Pflanzen

Es werden nur Materialien aufgeführt, die nicht meist in jedem Haushalt vorhanden oder leicht zu beschaffen sind.

## Materialien

| | |
|---|---|
| Cochenille-Läuse | Getrocknete Cochenille-Läuse gibt es in der Apotheke. |
| Destilliertes Wasser | Wasser für Dampfbügeleisen |
| Einwegspritzen | Apotheke |
| Indikatorpapier | Apotheke |
| Kerzendocht | Bastelbedarf |
| Lugolsche Lösung | Apotheke, Laborchemikalienhandel (Jod-Jod-Kalium-Lösung) |
| Neutralrot | Neutralrot ist ein gängiges Färbereagenz, das über den Laborchemikalienhandel zu beziehen ist. Es ist auch unter der Bezeichnung »C.I. 50040« bekannt. Beispiel für eine Bezugsadresse: neoLAB Migge Laborbedarf-Vertriebs-GmbH, Rischerstraße 7–9, 69123 Heidelberg |
| Salzsäure | Apotheke |
| Steinstückchen (Kalk, Silikat) | Steinchen verschiedensten Materials findet man als Abfall im Baustoffhandel oder am Straßenrand bzw. auf geschotterten Wegen |

## Pflanzen und Pflanzenteile

| | |
|---|---|
| Bambusrohre | Bambus ist in Gartencentern und Baumärkten erhältlich; allerdings sind dicke Stäbe nicht immer im Standardsortiment vorhanden und oft recht teuer. |

|  | Anfragen auch bei:<br>Bambuszentrum Deutschland,<br>Baumschule Eberts, Saarstraße 3–5,<br>76532 Baden-Baden |
|---|---|
| Bärlappsporen | Man bekommt sie in größeren Mengen (z.B. kiloweise, dann allerdings sehr teuer!) bei Laborchemikalien-Händlern, kleinere Mengen auch in der Apotheke oder gelegentlich in Zauberläden. |
| Berufkraut | trockene Wegränder, Brachland, Schuttplätze |
| Binse | Die Flatter-Binse wächst an Bachufern, auf feuchten Wiesen oder Kahlschlägen auf nährstoffreichen Lehm- und Torfböden; weitere kräftigere Arten werden gelegentlich in Parks und botanischen Gärten sowie an Gartenteichen kultiviert. |
| *Bixa*-Samen | Der *Bixa*-Strauch ist in Südamerika beheimatet. Die Samen bekommt man bei uns gelegentlich in asiatischen Lebensmittelläden, da sie zum Färben von Reis verwendet werden.<br>Beispiel für eine Bezugsadresse:<br>Alsbach Gewürzhaus, An der Staufenmauer 11, 60311 Frankfurt |
| Fingerhut | Fingerhut ist ein typischer Besiedler von Waldlichtungen und Kahlschlägen. |
| Gerstenkörner | Keimfähige Gerstenkörner bekommt man im Reformhaus, in Bioläden oder in der »Bio-Ecke« von Supermärkten. |
| Falsche Rose von Jericho | *Selaginella lepidophylla* wird häufig auf Weihnachtsmärkten unter dem Namen Rose von Jericho angeboten; man kann sie auch über den Blumenhandel bekommen. |
| Farnwedel | Verschiedene Farnarten (z.B. Breiter und Gewöhnlicher Wurmfarn, *Dryopteris dilatata*, *Dryopteris filix-mas*, und Frauenfarn, *Athyrium filix-femina*) |

wachsen im Wald oder Garten an feuchten, schattigen Standorten oder werden als Zimmerpflanze gehalten (z.B. Goldtüpfelfarn, *Phlebodium aureum*). Im Sommer bilden sich auf der Unterseite der Wedel Lager aus Sporenkapseln, die verschiedene Formen haben können. Schon manch einer hat gedacht, dass sein Zimmerfarn von Blattläusen befallen sei, für die man die Sporenbehälter bei nicht so genauer Betrachtung halten kann. Für den Versuch reicht ein kräftiger Wedel mit Sporenkapseln aus. Die Sporen sind reif, wenn beim Reiben mit dem Finger ein meist bräunlicher Puder auf dem Finger zurückbleibt.

| | |
|---|---|
| Federgras-Früchte | Auf Nachfrage im Sommer in vielen botanischen Gärten zu bekommen. |
| Flugfähige Früchte | Beispielsweise Linden, Ahorn und Esche werden häufig an Straßen oder in Parks gepflanzt. Die Früchte sind ab Spätsommer oder Herbst für den Versuch verwendbar. |
| Galläpfel | Eichen-Galläpfel sind gegen Ende des Sommers in Form von etwa kirschgroßen Wucherungen an Eichenblättern häufig anzutreffen. Im Herbst fallen sie mit dem Laub zu Boden und können während eines Waldspaziergangs gesammelt werden. |
| Gelbwurz | Die ingwerähnlichen Wurzelstöcke (Rhizome) kann man in Geschäften, die auf exotische Früchte spezialisiert sind, oder im Gewürzhandel bekommen. |
| Hartriegel | Hartriegel-Arten sind beliebte Zierpflanzen. Der Blutrote Hartriegel wird häufig in Hecken und auch als Straßenbegleitpflanzung verwendet. |

| | |
|---|---|
| Hutpilz | Der Champignon ist ein schöner und für den Versuch gut geeigneter Hutpilz, den es das ganze Jahr über im Supermarkt zu kaufen gibt. Wer sich mit Pilzen gut auskennt, kann natürlich im Herbst auch im Wald nach ungiftigen Pilzen suchen. |
| Johanniskraut | Das Johanniskraut kommt bei uns häufig in lichten Wäldern oder auf sonnigen und trockenen Standorten, z.B. auf Schuttplätzen oder an Bahngleisen, vor. Es ist heute über die ganze Welt verbreitet. Im frühen Sommer (um Johanni, 24. Juni) öffnen sich die leuchtend gelben Blüten, die in trugdoldigen Blütenständen angeordnet sind. Die Art ist durch ihren zweikantigen bis runden Stängel und die punktierten Blätter von dem Gefleckten Johanniskraut (*Hypericum maculatum*) mit vierkantigem Stängel zu unterscheiden. Letztere Art kommt in mageren Wiesen vor und ist nicht zur Gewinnung des Öles geeignet. |
| Kampferpulver | Synthetisches Kampferpulver, das für den Versuch ebenso wie das echte gut geeignet ist, bekommt man in der Apotheke. Echter Kampfer stammt aus der Rinde des Kampferbaumes (*Cinnamomum camphora*). |
| Kiefernzapfen | Kiefern wachsen in Wäldern oder sind in Parks und Gärten angepflanzt. Unter Kiefern findet man eigentlich immer abgefallene Zapfen. Im Sommer, wenn sie noch nicht so lange auf dem feuchten Boden gelegen haben, sind sie am schönsten. |
| Klappertopf | In Deutschland ist der Kleine Klappertopf (*Rhinanthus minor*) am häufigsten. Er kommt vom Tal bis in Höhen um |

etwa 2000 m auf mageren Wiesen vor. Typisch sind die gelben Blüten, die zwischen den grünlichen bis blass-gelben Tragblättern stehen. Durch Herbizideinsatz oder Überdüngung sind die Klappertopf-Arten stellenweise selten geworden, können aber an geeigneten Standorten bisweilen auch in größeren Beständen auftreten oder sind gelegentlich als Zierpflanzen in Blumenmischungen anzutreffen. Die Reife des Fruchtstandes erkennt man daran, dass die Kelche trocken und bräunlich sind.

**Klette**

Die Klette wächst an nährstoffreichen Weg- und Waldrändern auf nicht zu trockenen Standorten zu je nach Art 0,5–2,5 m hohen Stauden heran. Ihre Früchte bleiben bis zum Winter an der Pflanze stehen und können vom Sommer bis in den Winter für den Versuch gesammelt werden.

**Klett-Labkraut**

Das Klett-Labkraut ist eine einjährige klimmende Pflanzenart, die an ähnlichen Standorten wie die Klette sowie auf Fettwiesen gedeiht. Die kleinen kugeligen Teilfrüchte sind vom Hochsommer bis zum Herbst an der Pflanze zu finden.

**Kochbananen**

bekommt man in gut sortierten Südfruchtläden, asiatischen oder afrikanischen Lebensmittelgeschäften oder speziellen Märkten; im Rhein-Main-Gebiet z. B. in der Frankfurter Kleinmarkthalle.

**Königskerze**

trockene Wegränder, Brachland, Schuttplätze

**Lotosblume**

Lotosblumen (auch Lotusblume) sind Wasserpflanzen, die als subtropisch gelten, ursprünglich aber eher aus den winterkalten Gebieten Asiens und den

USA stammen. Mittlerweile sind sie weltweit in Kultur und in den meisten botanischen Gärten zu finden, wo sie im Sommer zahlreiche Wasserbecken zieren. An ihnen ist der Selbstreinigungseffekt am besten zu beobachten. Die Demonstration kann an einem der Schwimmblätter durchgeführt werden, ohne dass die Pflanze beschädigt wird. Ist Lotos nicht verfügbar, kann auf Blätter der anderen im Versuch angeführten Pflanzenarten zurückgegriffen werden. Somit ist der Versuch fast das ganze Jahr über durchführbar. Bei den Alternativpflanzen sollten die hier vorgeschlagenen Experimente vorher ausprobiert werden, da der Lotoseffekt an diesen Pflanzen nicht immer optimal funktioniert.

| | |
|---|---|
| **Löwenzahn** | Der weit verbreitete Löwenzahn wächst an Straßen- und Wegrändern oder auf fetten Wiesen. |
| **Makadamianüsse** | bekommt man in Supermärkten oder Reformhäusern. |
| **Mammutbaum (Redwood)** | Der aus Kalifornien stammende Mammutbaum ist bei uns häufig in Parkanlagen, botanischen Gärten und Arboreten angepflanzt; Garten- und Forstämter oder Parkverwaltungen in der Nähe können sicher Auskunft darüber geben, wo sich der nächste Mammutbaum befindet. |
| **Mohn** | Klatschmohn ist ein Ackerwildkraut, das im Frühsommer (Juni) blüht. Stellenweise ist er an Straßenböschungen und auf Brachland in großen Beständen anzutreffen. Für den Versuch ebenso geeignet sind die Blüten des Türkenmohns (*Papaver orientale*), |

|  | der als kräftige Zierstaude in vielen Gärten wächst. |
|---|---|
| Natternkopf | trockene Wegränder, Brachland, Schuttplätze |
| Orangen | gibt es in jedem Supermarkt |
| Paranüsse | in Supermärkten und Reformhäusern |
| Peddigrohr | als Ersatz für die Stängel der Waldrebe; das von der kletternden Rotang-Palme (*Calamus*-Arten) stammende Peddigrohr ist in Bastelgeschäften erhältlich. Das angebotene Material ist allerdings wesentlich dünner als bei *Clematis*. |
| Pfeifenstrauch | Der Pfeifenstrauch (*Fallopia japonica*) ist eine aus Asien eingeführte Staude, die häufig an Fluss- und Bachufern, an Bahndämmen, auf Ödland oder als gefürchtetes »Unkraut« in Parks und Gärten vorkommt. Vom Namen her ist der Japanische Knöterich nicht zu verwechseln mit dem Falschen Jasmin (*Philadelphus*), einem Zierstrauch mit weißen Blüten, der ebenfalls als Pfeifenstrauch bezeichnet wird, bzw. mit der Pfeifenwinde (*Aristolochia*). |
| Reiherschnabel-Früchte | Die Früchte von Reiherschnabel kann man im Sommer auf Nachfrage in botanischen Gärten bekommen. Eine Reiherschnabel-Art (*Erodium cicutarium*) mit kleineren Früchten als beim im Mittelmeergebiet beheimateten *Erodium manescavii* wächst auch bei uns an trockenen Wegrändern oder auf mageren Rasen. Die als Zierpflanzen geschätzten Duftpelargonien bilden ebenfalls kleine bohrerähnliche Früchte mit behaarter Granne aus; diese sind ersatzweise für den Versuch geeignet. |
| Rhabarber | Gemüsepflanze |

| | |
|---|---|
| Schachtelhalm-Sporen | Ackerschachtelhalm ist ein gefürchtetes Unkraut und wächst häufig an Ackerrändern, Wegrändern und Straßenböschungen. Die bleichen sporentragenden Triebe erscheinen im Frühjahr. |
| Schilf | wächst an den Ufern feuchter Gräben, Teichen und Seen. |
| Seerose | Seerosen werden in vielen Gartenteichen oder auch in Gewässern öffentlicher Anlagen sowie in fast allen botanischen Gärten gehalten. Auf Anfrage gibt man bestimmt gerne ein paar Blätter ab.<br>Beachte: Die bei uns in Moorseen vorkommende Weiße Seerose (*Nymphaea alba*) und die Teichrose (*Nuphar lutea*) stehen unter Naturschutz und dürfen nicht gepflückt werden. |
| Steinbrech | Viele botanische Gärten verfügen über ein Alpinum oder einen Steingarten, in dem in der Regel auch entsprechende Arten zu finden sind. Auf Anfrage gibt man sicherlich ein paar Blätter ab. Steinbrech-Arten sind aber auch in besser sortierten Gärtnereien und manchmal sogar im Supermarkt zu bekommen. Aus der Natur darf Steinbrech nicht entnommen werden, da er unter Naturschutz steht. |
| Strelitzie | Strelitzien werden in den meisten botanischen Gärten im Warmhaus gehalten und blühen im Winterhalbjahr. Sie sind aber auch als Schnittblumen in Blumengeschäften zu kaufen. |
| Waldrebe | Die Gemeine Waldrebe ist eine heimische Liane, die besonders an Waldrändern und in Auwäldern an Bäumen bis zu 15 m hochklettert. Ihre Sprosse werden etwa 3 cm dick. Alte Spross- |

teile kann man in der Nähe von
größeren Beständen leicht finden.
Verschiedene *Clematis*-Arten und
Hybriden sind auch beliebte Zierpflanzen, die zur Fassadenbegrünung verwendet werden. Falls ihre Stängel etwa
einen Zentimeter dick sind, können sie
ebenfalls für den Versuch verwendet
werden.

Wegerich

Wegerich findet man auf fast jeder
Wiese oder vielen Rasenstücken.
Gerade der Breitwegerich wächst häufig in Pflasterritzen. Den Spitzwegerich
findet man eher auf Wiesen und an
Wegrändern. Wegerich fruchtet etwa
von Juli bis September. Durch Abstreifen der Kapselfrüchte von der etwa
2–10 cm langen Ähre können leicht
reichlich Samen gesammelt werden.
Die für den Versuch ebenso geeigneten
Samen von *Plantago ovata* kann man
unter der Bezeichnung »Indische Flohsamen« in der Apotheke bekommen.

Wiesen-Salbei

Der Wiesen-Salbei ist eine heimische
Art auf mageren Wiesen, die aber auch
in Parks, Gärten oder auf künstlich
angelegten Blumenwiesen zu finden ist.
Er blüht im Mai und Juni.

Wolfsmilch

Verschiedene Wolfsmilch-Arten wachsen im Garten, Park oder auch in der
freien Natur. Die heimische, durch
nadelförmige Blätter charakterisierte
Zypressen-Wolfsmilch wächst häufig
auf Trockenrasen, auf Weinbergen oder
an trockenen Straßenrändern. Die
Zypressen-Wolfsmilch ist leicht an dem
lange stehen bleibenden gelbgrünen,
schirmartigen Blütenstand mit Hochblättern sowie dem Milchsaft zu erkennen.

Zaunrübe

Die zweihäusige Rote Zaunrübe ist im Westen Deutschlands eine häufige Art in Hecken oder an Zäunen wärmerer Lagen. Im Norden und Osten wächst die ähnliche Weiße Zaunrübe (*Bryonia alba*).

# Liste botanischer Gärten in Deutschland

Botanischer Garten der Technischen Hochschule Aachen
Melatener Straße 30, 52072 Aachen

Botanischer Garten der Stadt Altenburg
Heinrich-Zille-Straße 12, 04600 Altenburg

Botanischer Garten der Stadt Augsburg
Dr. Ziegenspeck-Weg 10, 86161 Augsburg

Forstarboretum der Niedersächsischen Landesforstverwaltung
Kelchtal 18b, 37539 Bad Grund

Pflanzengarten
01814 Bad-Schandau (Sächsische Schweiz)

Botanischer Garten Baden-Baden
Herrengut 16, 76530 Baden-Baden

Ökologisch-Botanischer Garten der Universität Bayreuth
Universitätsstraße 30, 95440 Bayreuth

Botanischer Garten und Botanisches Museum der FU Berlin
Königin-Luise-Straße 6–8, 14195 Berlin

Bereich Botanik und Arboretum des Museums für Naturkunde
Humboldt Universität zu Berlin, Spathstraße 80/81, 12437 Berlin

Institute für Biologie der Technischen Universität Berlin
Franklinstraße 28–29, 10587 Berlin

Botanischer Garten der Stadt Bielefeld
Am Kahlenberg 16, 33617 Bielefeld

Botanischer Garten der Ruhr-Universität Bochum
Universitätsstraße 150, 44780 Bochum

Landwirtschaftlich-Botanischer Garten
des Institutes für Landwirtschaftliche Botanik der Universität Bonn
Meckenheimer Allee 171, 53115 Bonn

Botanischer Garten der Technischen Universität
Humboldtstraße 1, 38106 Braunschweig

Arzneipflanzengarten des Instituts für Pharmazeutische Biologie
der TU Braunschweig, Mendelssohnstraße 1, 38106 Braunschweig

Botanischer Garten und Rhododendron-Park
Marcusallee 60, 28359 Bremen

Botanischer Garten der Stadt Chemnitz, Schulbiologie- und
Naturschutzzentrum, Leipziger Straße 147, 09114 Chemnitz

Botanischer Garten der Technischen Hochschule
Schnittspahnstraße 5, 64287 Darmstadt

Botanischer Garten Rombergpark und Deutsches Rosarium
Am Rombergpark 49b, 44225 Dortmund

Botanischer Garten der Technischen Universität
Stübelallee 2, 01307 Dresden

Botanischer Garten der Stadt Duisburg
Fürst-Pückler-Straße 18, 47166 Duisburg

Botanischer Garten der Universität Düsseldorf
Universitätsstraße 1, 40225 Düsseldorf

Forstbotanischer Garten, Institut für Forstwissenschaften
Am Zainhammer, 16225 Eberswalde

Botanischer Garten der Universität Erlangen-Nürnberg
Loschgestraße 3, 91054 Erlangen

Grugapark und Botanischer Garten der Stadt Essen
Külshammerweg 32, 45149 Essen

Botanisches Institut und Botanischer Garten
Universität Duisburg-Essen, FB 9, Henri-Dunant-Straße 65, 45131 Essen

Palmengarten der Stadt Frankfurt
Siesmayerstraße 61, 60323 Frankfurt am Main

Botanischer Garten der J.W. Goethe-Universität
Fachbereich Biologie, Siesmayerstraße 72, 60323 Frankfurt am Main

Botanischer Garten der Universität Freiburg
Schänzlestraße 1, 79104 Freiburg im Breisgau

Arboretum Freiburg-Günterstal im Städtischen Forstamt Freiburg
Schauinslandstraße 125, 79104 Freiburg im Breisgau

Sichtungsgarten Weihenstephan, Institute für Stauden, Gehölze
Staatl. Versuchsanstalt für Gartenbau, 85354 Freising

Zentralinstitut für Genetik etc.
Kreis Aschersleben, 06466 Gatersleben

Forschungsanstalt Geisenheim am Rhein
Von-Lade-Straße 1, 65366 Geisenheim

Botanischer Garten des Museums für Naturkunde
Nicolaiberg 3, 07545 Gera

Botanischer Garten der Justus-Liebig-Universität
Senckenbergstraße 6, 35390 Gießen

Botanischer Garten der Universität Göttingen
Untere Karspüle 2, 37073 Göttingen

Neuer Botanischer Garten der Universität Göttingen
Grisebachstraße 1a, 37077 Göttingen

Forstbotanischer Garten und Arboretum
Universität Göttingen, Büsgenweg 2, 37077 Göttingen

Botanischer Garten des Nationalparks Bayrischer Wald
Postfach 11 52, 94475 Grafenau

Botanischer Garten der Ernst-Moritz-Arndt-Universität
Grimmer Straße 88, 17489 Greifswald

Botanischer Garten der Martin-Luther-Universität
Am Kirchtor 3, 06108 Halle

Institut für Allgemeine Botanik und Botanischer Garten
Ohnhorststraße 18, 22609 Hamburg

Botanischer Sondergarten
Walddörferstraße 273, 22047 Hamburg

Arboretum Lohbruegge der Bundesanstalt für Forst- und Holzwirtschaft
Leuschnerstraße 91, 21031 Hamburg

Botanischer Schulgarten Burg Schulbiologiezentrum
Vinnhorster Weg 2, 30419 Hannover

Tierärztliche Hochschule, Der Westfalenhof
Bünteweg 17D, Gebäude 203, 30559 Hannover

Herrenhäuser Gärten
Herrenhäuser Straße 4, 30419 Hannover

Hessische Landesanstalt für Forsteinrichtung, Waldforschung und
Waldökologie, Prof.-Oelkers-Straße 6, 34346 Hannoversch Münden

Botanischer Garten der Universität Heidelberg
Im Neuenheimer Feld 340, 69120 Heidelberg

Botanischer Garten der Stadt Hof im Stadtpark Theresienstein
Alte Plauener Straße 16, 95028 Hof

Botanischer Garten der Friedrich-Schiller-Universität
Fürstengraben 26, 07743 Jena

Botanischer Garten der Universität Karlsruhe (TH)
Kaiserstraße 12, 76128 Karlsruhe

Universität Kassel Lehr- und Versuchsanlagen Botanik
Heinrich-Platt-Straße 40, 34132 Kassel

Botanischer Garten der Stadt Kassel
Bosestraße 15, 34121 Kassel

Neuer Botanischer Garten der Universität Kiel
Olshausenstraße 40, 24118 Kiel

Flora und Botanischer Garten
  Amsterdamer Straße 34, 50735 Köln

Forstbotanischer Garten und Friedenswald
  Schillingsrotter Straße 100, 50996 Köln

Botanischer Garten der Universität Konstanz
  78434 Konstanz

Botanischer Garten der Stadt Krefeld
  Sandberg 1–2, 47809 Krefeld

Botanischer Garten der Universität Leipzig
  Linnéstraße 1, 04103 Leipzig

Arktisch-Alpiner Pflanzengarten
  OT Gorschmitz 14, 04703 Leisnig

Gruson-Gewächshäuser Magdeburg Exotische Pflanzensammlung
  Schönebecker Straße 129a, 39104 Magdeburg

Blumeninsel Mainau GmbH, 78465 Insel Mainau

Botanischer Garten der Johannes Gutenberg-Universität
  Bentzelweg 9, 55128 Mainz

Stadtpark Mannheim GmbH
  Gartenschauweg 12, 68165 Mannheim

Botanischer Garten der Philipps-Universität Marburg
  Karl-von-Frisch-Straße 6, 35032 Marburg

Botanischer Garten der Stadt Mönchengladbach
  Bettrather Straße 82, 41061 Mönchengladbach

Botanischer Garten Mühlhausen e. V.
  Wanfrieder Straße 133, 99974 Mühlhausen

Botanischer Garten München-Nymphenburg
  Menzingerstraße 61, 80638 München

Botanischer Garten Garmisch-Partenkirchen
  c/o Menzinger Straße 63, 80638 München

Botanisches Institut und Botanischer Garten der Westfälischen
  Wilhelms-Universität, Schlossgarten 3, 48149 Münster

Rennsteiggarten Oberhof / Botanischer Garten für Gebirgsflora
  Am Pfanntalskopf 3, 98559 Oberhof

Botanischer Garten für Arznei-und-Gewürzpflanzen Oberholz
  Störmthaler Weg 2, 04463 Großpösna

Botanischer Garten der Universität
  Philosophenweg 39, 26121 Oldenburg

Botanischer Garten der Universität Osnabrück
Albrechtstraße 29, 49069 Osnabrück

Alpengarten Pforzheim
Auf dem Berg 6, 75181 Pforzheim

Botanischer Garten der Universität Potsdam
Maulbeerallee 2, 14469 Potsdam

Botanischer Versuchs- und Lehrgarten der Universität Regensburg
Universitätsstraße 31, 93053 Regensburg

Botanischer Garten der Universität Rostock
Sektion Biologie, Hamburger Straße 28, 18051 Rostock

Botanischer Garten der Universität des Saarlandes
Postfach 15 11 50, 66041 Saarbrücken

Europa-Rosarium der Stadt Sangerhausen
Steinberger Weg 3, 06526 Sangerhausen

Botanischer Garten Schellerhau
Hauptstraße 41 a, 01776 Schellerhau

Botanischer Garten der Stadt Solingen
Frankenstraße 31 a, 42653 Solingen

Arboretum der Niedersächsischen Forstlichen Versuchsanstalt
Forstamtstraße 6, 34355 Staufenberg-Escherode

Botanischer Garten der Universität
Pfaffenwaldring 57, 70550 Stuttgart - Bad Cannstatt

Zoologisch-Botanischer Garten Wilhelma
Neckartalstraße, 70342 Stuttgart

Botanischer Garten der Universität Hohenheim
Einrichtung 210, Garbenstraße 30, 70599 Stuttgart

Forstbotanischer Garten Tharandt / Sächsisches Landesarboretum
Postfach 11 17, 01735 Tharandt

Botanischer Garten der Universität Tübingen
Auf der Morgenstelle 1, 72076 Tübingen

Botanischer Garten der Universität Ulm
Oberer Eselsberg, 89069 Ulm

Schau- und Sichtungsgarten Hermannshof e.V.
Babostraße 5, 69469 Weinheim

Brockengarten, c/o Nationalpark Hochharz
Lindenallee 35, 38855 Wernigerode

Botanischer Garten der Stadt Wilhelmshaven
Gökerstraße 125, 26384 Wilhelmshaven

Gewächshaus für tropische Nutzpflanzen,
Universität Kassel, Steinstraße 19, 37213 Witzenhausen

Staatliche Schlösser und Gärten Wörlitz
Oranienbaum und Luisium in Wörlitz, 06786 Wörlitz

Botanischer Garten der Stadt Wuppertal
Elisenhöhe 1, 42107 Wuppertal

Botanischer Garten der Universität Würzburg
Julius-von-Sachs-Platz 4, 97082 Würzburg

# Index

# Informationen zur beiliegenden CD-ROM

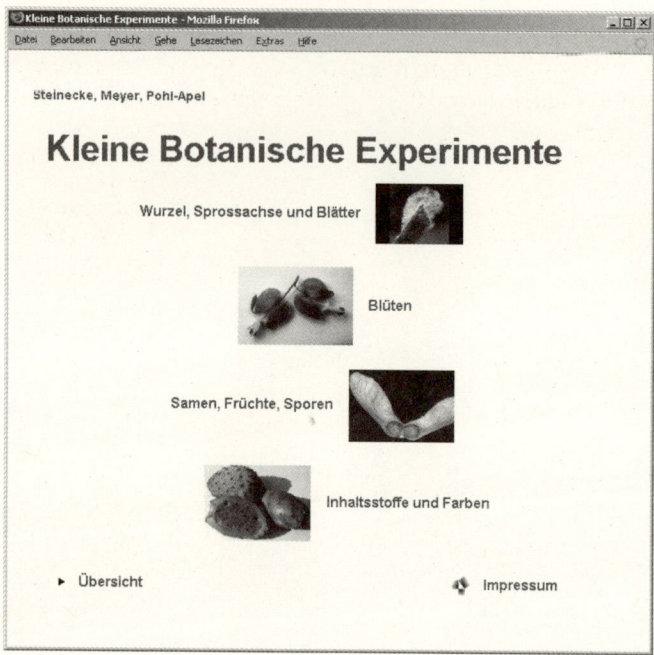

Die CD-ROM zu den „Kleinen Botanischen Experimenten" ist eine unter Windows, MacOS und Linux nutzbare HTML-Struktur, die ohne Installation direkt von der CD-ROM läuft.
Einzige Systemvoraussetzung ist ein HTML-Browser, der JavaScript und Cascading Style Sheets unterstützt.

Sie finden auf ihr den kompletten Inhalt des Buches, ergänzt durch weitere interessante Informationen rund um die in den Experimenten verwendeten Pflanzen, vor allem aber zahlreiche Farbfotos zu den verwendeten Materialien und zur Versuchsdurchführung, die Ihnen bei der Vorbereitung und Durchführung der Experimente helfen. Ergänzt wird das Ganze durch ein ausführliches Verzeichnis der Pflanzen, geordnet sowohl nach den wissenschaftlichen als auch nach den deutschen Namen.

## So nutzen Sie die „Kleinen Botanischen Experimente"

Jede Seite zu einem der 61 Experimente ist – wie im Buch – in die einzelnen Abschnitte zum benötigten Material, zur Versuchsdurchführung, zum Wirkprinzip usw. unterteilt. Als Extra finden Sie auf der CD-ROM den Abschnitt „Und sonst?", in dem ergänzende interessante Informationen zu den im Experiment verwendeten Pflanzen stehen. Sofern vorhanden, werden Ihnen rechts neben den einzelnen Abschnitten farbige Fotos angezeigt.

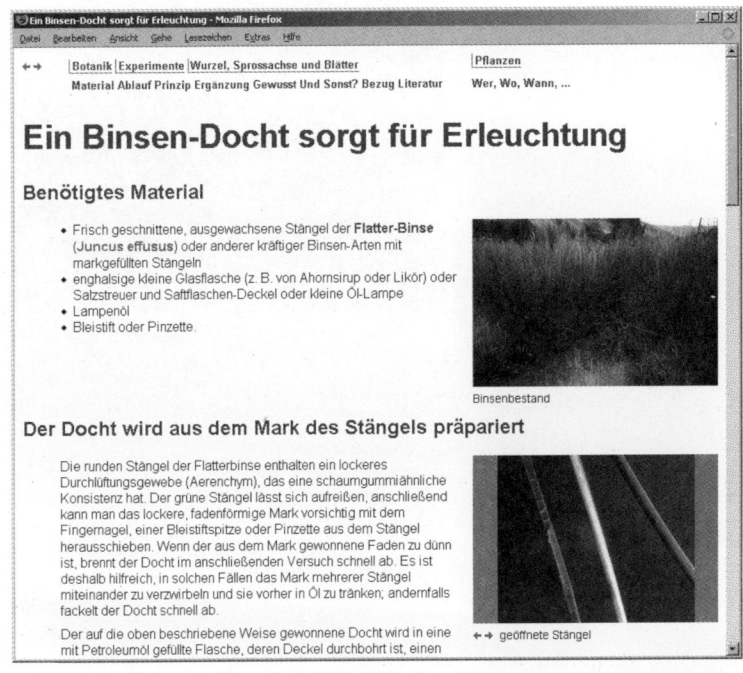

Sie können sich jedes Foto auch vergrößert darstellen lassen: Ein Mausklick, und es öffnet sich ein Extra-Fenster mit dem vergrößerten Bild.

Über den Link „Pflanzen" erreichen Sie von jeder Seite aus ein umfangreiches Verzeichnis der Pflanzen – sortierbar sowohl nach den wissenschaftlichen als auch nach den deutschen Namen.